剪映

从入门到精通

郑磊磊 著

U0248278

群言出版社
QUNYAN PRESS

·北京·

图书在版编目（CIP）数据

剪映：从入门到精通 / 郑磊磊著 .-- 北京：群言
出版社，2024.6.--ISBN 978-7-5193-0985-5

I.TP317.53

中国国家版本馆 CIP 数据核字第 2024ZR0407 号

责任编辑：周连杰
封面设计：乔景香

出版发行：群言出版社
地　　址：北京市东城区东厂胡同北巷 1 号（100006）
网　　址：www.qypublish.com（官网书城）
电子信箱：qunyancbs@126.com
联系电话：010-65267783　65263836
法律顾问：北京法政安邦律师事务所
经　　销：全国新华书店

印　　刷：三河市祥达印刷包装有限公司
版　　次：2024 年 6 月第 1 版
印　　次：2024 年 6 月第 1 次印刷
开　　本：710mm×1000mm　　1/16
印　　张：12
字　　数：100 千字
书　　号：ISBN 978-7-5193-0985-5
定　　价：59.80 元

前 言

在今天的数字时代，视频已经成了我们生活中不可或缺的一部分，很多人用视频记录生活、分享经验、传播信息。然而，对于许多人来说，制作一个精美的视频可能是一项复杂的任务。于是，我们迫切需要一款强大而易于使用的视频编辑工具，一款能够让每个人都能轻松制作出令人惊叹的视频的工具。

剪映便因此而生。作为一款功能强大的视频编辑工具，剪映为用户提供了一个创意无限的平台，让他们能够以简单、快捷的方式编辑视频。无论是新手还是经验丰富的专业人士，均可以用剪映做出令人惊叹的视频。

在这本书中，我们将全面探索剪映的各种功能和特性。我们将从最基本的编辑技巧开始，逐步深入到高级的视频制作技巧。无论您是想要制作个人 Vlog、家庭影集，还是专业的商业广告，本书都将为您提供所需的知识和技能。

除此之外，本书还将带您了解剪映背后的故事，探索这款软件是如何诞生并不断发展的。我们将了解到剪映的创始人和团队是如何将他们的愿景转化为现实，以及他们是如何不断倾听用户的反馈并改进产品的。这些故事将不仅仅是关于一款软件的发展历程，更是关于创业精神、团队合作和持续创新的故事。

最后，我希望这本书能够成为您学习和掌握剪映的指南，让您能够以更加专业的方式编辑出精美的视频作品。

无论您是刚刚踏入视频编辑领域的新手，还是经验丰富的专业人士，我相信本书都能够为您提供有价值的信息和启发。

　　让我们一起踏上这段视频创作的旅程，探索剪映带给我们的无限可能性！

目 录

第二部分　进阶篇

第三部分　制作篇

第四部分 发展篇

第一部分
基础篇

第一章 剪映简介

1.1 基础概念

1.1.1 什么是剪映

剪映是一款视频编辑工具，带有强大的剪辑功能，支持变速，有多种滤镜和美颜的效果，还有丰富的曲库资源。自 2021 年 2 月起，剪映支持在手机移动端、Pad 端、Mac 电脑、Windows 电脑全终端使用。

软件亮点

剪辑黑科技： 支持色度抠图、曲线变速、视频防抖、图文成片等功能。

简单好用： 切割变速倒放，功能简单易学，留下每个精彩瞬间。

素材丰富： 精致好看的贴纸和字体，给视频增添趣味。

海量曲库： 抖音独家曲库，让视频更"声"动。

切割： 快速自由分割视频，一键剪切视频。

变速： 0.2 ~ 4 倍速，节奏快慢自由掌控。

倒放： 时间倒流，感受不一样的视频。

画布： 多种比例和颜色随心切换。

转场： 支持交叉互溶、闪黑、擦除等多种效果。

贴纸： 独家设计手绘贴纸，总有一款适合你的小心情。

字体：多种风格字体、字幕、标题任你选。

曲库：海量音乐曲库，抖音独家歌曲。

变声：一秒变"声"萝莉、大叔、怪物。

一键同步：抖音收藏的音乐，轻松获得抖音潮流音乐。

滤镜：多种高级专业的风格滤镜，让视频不再单调。

美颜：智能识别脸型，定制独家专属美颜方案。

1.1.2 简史与演进

2019 年 5 月，剪映移动端上线。

2019 年 9 月，剪映上线剪同款专栏，让人人皆可创作。同月，剪映登上 App Store 的榜首，视频创作从此"轻而易剪"。

2020 年 7 月，剪映 Pad 适配版上线，从此实现移动端、Pad 端双端互通，支持创作者在更多场景下自由创作。

2020 年 9 月，剪映上线创作学院专栏，为用户提供海量免费课程。

2020 年 11 月，剪映专业版 Mac V1.0 版本上线。剪映专业版界面更清晰，面板更强大，布局更适合电脑端用户，适用更多专业剪辑场景，为高阶专业人群提供了更多创作空间。

1.2 剪映的设置

系统要求

手机剪映的运行要求

操作系统：手机剪映目前支持 iOS 和 Android 两种操作系统，需要在这些系统的基础上运行。

处理器：手机剪映需要在处理器速度较快的手机上才能流畅运行。对于 iOS 系统，需要搭载 A10 处理器及以上。对于 Android 系统，需要搭载 Adreno530 或 Mali–T860MP2 及以上的 GPU。

内存：手机剪映需要占用一定的内存才能进行视频编辑，因此需要手机内存较大，建议至少为 2GB 及以上。

存储空间：在进行视频编辑时，会需要保存大量的视频素材和编辑后的视频文件，因此需要手机存储空间足够大。

分辨率和屏幕尺寸：手机剪映的编辑界面需要在手机屏幕上进行操作，因此需要手机分辨率较高，屏幕尺寸不要过小。

PC 剪映的运行要求

操作系统：Windows 7/8.1/10/11 或更高版本，64 位操作系统。

处理器 (CPU)：Intel® Core 第 6 代或更新款的 CPU 或 AMD Ryzen ™ 1000 系列或更新款的 CPU。

内存 (RAM)：8 GB RAM 或 16 GB RAM，用于 HD 媒体；32 GB RAM，用于 4K 媒体或更高分辨率。

显卡 (GPU)：NVIDIA GTX 900 系列及以上型号；AMD RX560 及以上型号；Intel HD 5500 及以上型号；显卡驱动日期为 2018 年及以后；2 GB

GPU VRAM（核显共享 RAM，包括在总 RAM 内）。

硬盘空间： 8 GB 可用磁盘空间（用于程序安装、缓存和媒体图片、文字、音频等存储）。

屏幕分辨率： 1920×1080 或更高分辨率。

此外，剪映的官方系统需求为：MacOS 10.13 或更高版本。对于移动端，剪映支持的最低配置要求为：iOS 13.0 及以上版本，64 位双核 CPU，至少 8GB RAM，VRAM 至少为 512MB。

1.3 手机界面导览

1.3.1 剪映主要功能概览

手机剪映的界面和主要功能如下图 1-3-1-1 所示。接下来，我们逐项讲解其功能。

图 1-3-1-1

一键成片：可以选择 4 段我们自己已经拍摄完成的视频进行编辑，使其变成新的短视频。

图 1-3-1-2

图文成片：运用"自由编辑文案"功能，依据我们自己的素材（图片、文字）可编辑生成短视频或者运用"智能写文案"功能来智能写文章，并根据文案自动匹配素材，生成短视频。

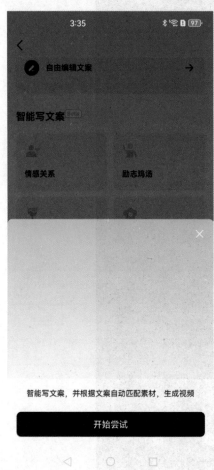

图 1-3-1-3   图 1-3-1-4

拍摄：直接拍摄视频和图片。

拍摄翻译：导入视频，进行语言翻译，可转为中文、英文、日语等多种语言。

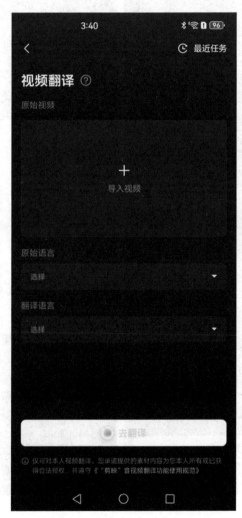

图 1-3-1-5

AI 作图：可以通过 AI 技术，实现简单的文案生成精彩的图片。也可以通过 AI 作图的灵感功能中提供的例子做自己的同款。

图 1-3-1-6   图 1-3-1-7

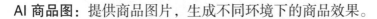

AI 商品图：提供商品图片，生成不同环境下的商品效果。

图 1-3-1-8

图 1-3-1-9

图 1-3-1-10

创作脚本：可以自定义新建脚本。也可以基于剪映例子，生成类似的效果短视频。

图 1-3-1-11　　　　　　　　　　图 1-3-1-12

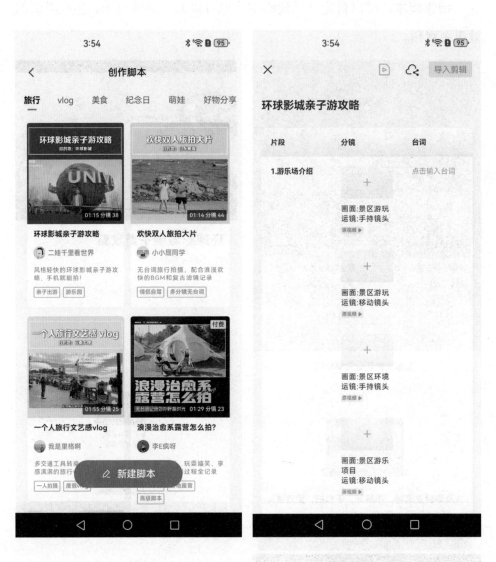

图 1-3-1-13

图 1-3-1-14

录屏：支持各类软件的录屏，也支持画音同步，游戏主播可以一边操作一边介绍，非常方便！而且，录制完可以直接在当前页面导入剪辑，不必再等待上传。

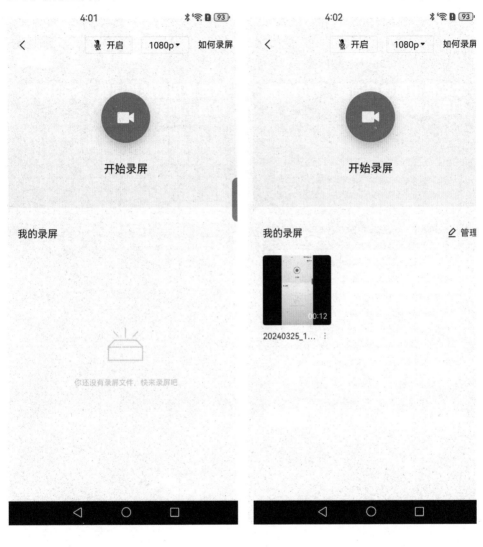

图 1-3-1-15   图 1-3-1-16

提词器：拍摄视频时台词太多，记不住怎么办？别担心，剪映有提词器功能了。用这个功能来协助拍摄，不用担心忘词，也不需要再做其他的台词准备了。

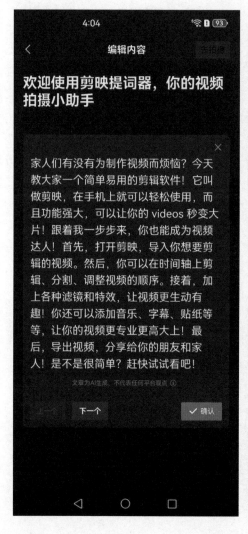

图 1-3-1-17

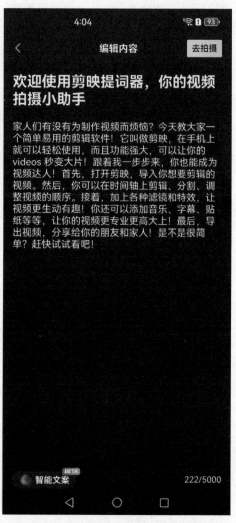

图 1-3-1-18

美颜：这个功能不用多说，跟美颜相机原理基本相同，找到美颜的功能区，进行美化操作即可，比如匀肤、丰盈、磨皮等。

图 1-3-1-19

图 1-3-1-20

一起拍：和朋友一起来拍一段视频。

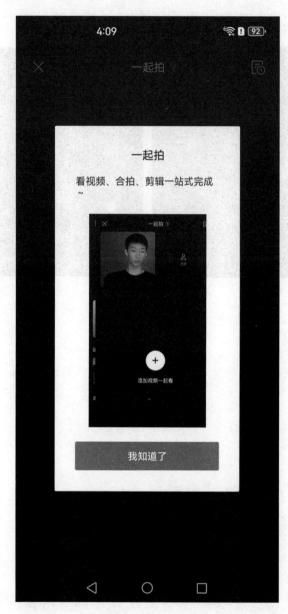

图 1-3-1-21

智能抠图： 导入图片，进行智能抠图，或者对素材中想要的部分进行编辑。

 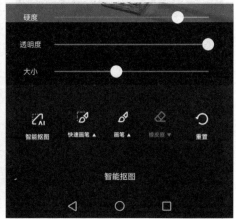

图 1-3-1-22   图 1-3-1-23

超清图片： 提升图片画质。

图片编辑： 导入图片，对图片素材进行编辑，实现自己想要的效果。

超清画质： 一键拯救模糊视频，还原画面细节。

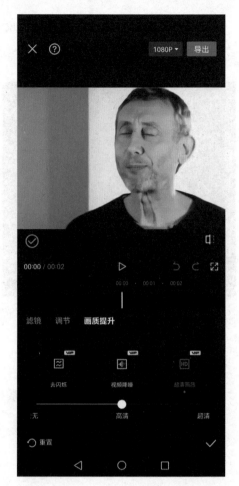

图 1-3-1-24   图 1-3-1-25

AI 特效： 导入一张图片，输入你想创作的画面风格，AI 帮你一键生成风格化效果。

图 1-3-1-26   图 1-3-1-27

1.3.2 定制剪映的功能顺序

剪映可以把你常用的功能调整到你想要的位置。长按功能图标移动到你想要的位置，可调整顺序。调整前后的展示如下图。

图 1-3-2-1

图 1-3-2-2

1.4 入门简单项目

认识完手机端剪映的界面和主要功能，接下来我们便来讲解它的操作步骤。首先，打开手机中的剪映软件，点击"开始创作"。

第一步：点击"开始创作"导入一个视频素材。如图 1-4-1-1。

第二步：调整视频比例为 9:16。如图 1-4-1-2。

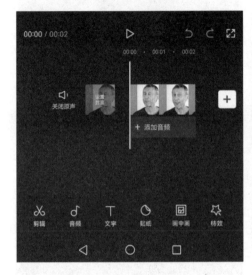

图 1-4-1-1

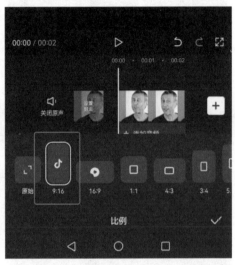

图 1-4-1-2

已经存在一个视频素材，如何导入另外的素材呢？点击视频后方的加号，选择要添加的视频如图 1-4-1-3、图 1-4-1-4。

图 1-4-1-3

图 1-4-1-4

　　第三步：点击两个素材之间的连接点添加转场效果，选择"放大左移"。如图 1-4-1-5。

　　第四步：增加特效，选择"尴尬住了"。如图 1-4-1-6。

图 1-4-1-5

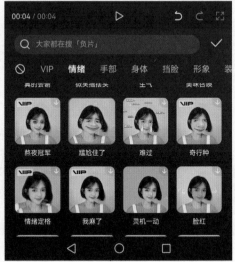

图 1-4-1-6

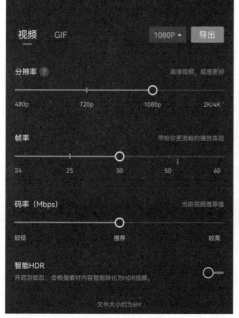

第五步：设置导出视频的属性（分辨率、帧率、码率），设置完成点击右上角的"导出"按钮。如图 1-4-1-7。

第六步：导出。如图 1-4-1-8。

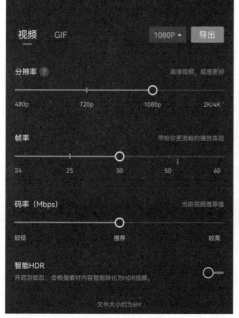

图 1-4-1-7

图 1-4-1-8

第七步：添加作品描述、话题等并发布到抖音或快手 APP。

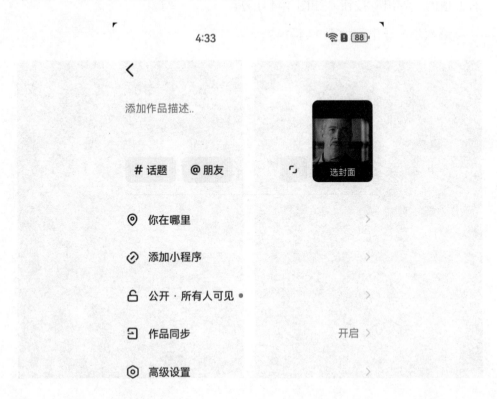

图 1-4-1-9

第二章 基本工具与功能

2.1 媒体基础操作

2.1.1 剪辑与修剪

在剪映中，剪辑和修剪是编辑视频时两个基本的操作。

剪辑：剪辑是指按照剧本结构和创作构思，把拍摄好的许多素材，经过选择、剪裁、整理，编排成完整的短片。在剪映中，您可以通过拖动视频片段的两端来调整其长度，或者使用剪辑工具来精确地裁剪开始和结束的位置。

修剪：修剪是指在视频中分割出不同的片段或者将一个视频分割成多个片段。您可以在视频的特定位置使用修剪工具来分割视频，并且可以对分割后的片段进行独立的编辑。修剪在制作复杂视频时尤其有用，可以让您轻松管理和编辑不同的部分。

在剪映中，这两种操作通常是一起使用的，剪辑的同时可以对视频片段变速、动画添加、动画删除、人声美化、人声分离、美颜美体、抠像、音量调整、音频分离、画质提升、滤镜、蒙版、画中画、替换、音频降噪、声音效果、复制、倒放、定格等，帮助您精细地编辑和调整视频内容，以获得您想要的效果。

案例

打开剪映，点击"开始创作"，可以从手机的相册、剪映云、素材库导入我们想要的视频或照片素材。如图 2-1-1-1。

图 2-1-1-1

在主工具栏找到并点击"剪辑"，如图 2-1-1-2。然后点击素材，双指拉动视频片段可以对素材的时间轴进行视频长度调整。如图 2-1-1-3。

图 2-1-1-2   图 2-1-1-3

　　点击素材，在工具栏找到并点击"分割"，对素材分割多个片段后，可以进行对视频片段修改、删除等操作。如图 2-1-1-4、图 2-1-1-5。

图 2-1-1-4　　　　　　　　　　　　　　　图 2-1-1-5

2.1.2 音频调整与处理

　　在剪映中，您可以进行音频调整和处理以改善视频的音效。以下是剪映中常见的音频调整和处理功能。

　　音量调整：您可以调整整个视频或单个音频片段的音量，使其更适合您的需求。通常，您可以增加或减少音量以使其更清晰或更柔和。

　　音频淡入淡出：在剪映中，您可以在音频片段的开始和结束处应用淡入淡出效果。添加淡入淡出效果可以使音频过渡更加平滑，避免突兀的音频变化。

　　音频剪裁：您可以剪裁音频片段，去除不需要的部分或者裁剪其长度以适应视频。

　　音频特效：剪映提供了一些音频特效，如回声、混响、均衡器等，以改变音频的声音效果，使其更加生动或者符合特定风格。

背景音乐：您可以添加背景音乐来增强视频的氛围。剪映通常会提供一些内置的背景音乐库供您选择，您也可以导入自己的音频文件。

音频合成：将多个音频轨道合为一个让您可以在视频中添加多个音频效果，比如叠加配音、音效等。这些音频调整和处理功能可以助您创作出更具吸引力的视频内容。

案例

打开剪映，点击"开始创作"，导入视频素材，选择"添加音频"，如图 2-1-2-1。点击素材选中，滑动工具栏找到"音频分离"。如图 2-1-2-2。

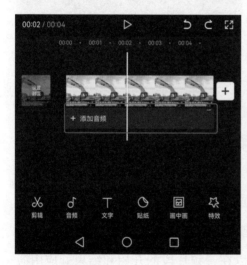 

图 2-1-2-1   图 2-1-2-2

点击素材中的音频部分，调整"音量"，如图2-1-2-3、图2-1-2-4。可以对音频进行分割、声音效果添加、删除、增加节拍、变速、音频降噪等处理。

图 2-1-2-3   图 2-1-2-4

2.2 视觉效果与过渡

2.2.1 添加滤镜与调色

在剪映中，您可以通过添加滤镜和调色来改变视频的外观和色彩效果，使其更具吸引力。以下是在剪映中添加滤镜和调色的一般步骤。

添加滤镜：打开您要编辑的项目。导航到滤镜选项（通常可以在编辑界面的底部或侧边找到）。浏览可用的滤镜效果，并选择您喜欢的一个。将所选滤镜应用到视频片段上，通常只需点击滤镜或将其拖放到视频上即可展现。

调色：导航到调色选项（通常可以在编辑界面的底部或侧边找到）。在调色面板中，您通常会看到各种参数，如亮度、对比度、色调、饱和度等。调整这些参数以达到您想要的视觉效果。您可以根据需要增加或减少亮度，也可以调整颜色的饱和度和色调等。如果有预设的调色方案，您也可以直接选择其中一个来快速应用到视频上。

预览和调整：添加滤镜和进行调色后，您可以预览视频以查看效果。如果需要进一步调整，可以继续修改滤镜和调色参数，直到满意为止。您可以随时在编辑过程中撤销或重新应用滤镜和调色，以满足您的需求。

案例

打开剪映，点击"开始创作"，导入视频素材，点击视频素材，滑动工具栏，找到"调节"。如图2-2-1-1。

图 2-2-1-1

图 2-2-1-2

2.2.2 转场效果的运用

转场效果是指在视频片段之间进行平滑的过渡，以减少突兀感并增强整体观感。以下是在剪映中运用转场效果的一般步骤。

选择转场效果：打开您要编辑的项目。导航到转场效果选项（通常可以在编辑界面的底部或侧边找到）。浏览可用的转场效果，并选择您想要的一个。转场效果可能包括淡入淡出、闪烁、擦除、旋转等多种类型。

应用转场效果：将所选转场效果应用到视频片段之间的转场处。通常只需点击转场效果或将其拖放到视频片段之间即可。您还可以调整转场效果的持续时间，以使过渡更加平滑和自然。一些转场效果也可以调整其参数，如速度、方向等。

预览和调整：添加转场效果后，您可以预览视频以查看效果。如果需要进一步调整，可以修改转场效果的持续时间或其他参数，直到满意为止。

转场效果的运用可以使视频片段之间的转场更加平滑和吸引人，同时增强整体的视觉呈现。在编辑视频时，适当地选择和调整转场效果是提高视频质量和观赏性的重要因素之一。

图 2-2-2-1

图 2-2-2-2

2.3 文字和标题

2.3.1 添加文字和字幕

在剪映中，您可以添加文字和字幕来增强视频的信息传达并提升视觉效果。以下是在剪映中添加文字和字幕的一般步骤。

添加文字：打开您要编辑的项目。导航到文字选项（通常可以在编辑界面的底部或侧边找到）。选择要添加的文字样式或模板，通常包括字体、大小、颜色等参数。在视频中选择一个位置，然后在该位置添加您想要显示的文本内容。

调整文字：调整文字的位置、大小、颜色等参数，以使其更加适合视频内容和布局。您还可以调整文字的动画效果，如淡入淡出、滚动、弹出等，以增强视觉效果。

添加字幕：与添加文字类似，您可以选择字幕样式或模板，并输入要显示的文本内容。您可以设置字幕的起始时间和结束时间，以使其与视频内容同步显示。调整字幕的位置、大小、颜色等参数，以使其清晰可见并不影响视频内容的观看。

预览和调整：添加文字和字幕后，您可以预览视频以查看效果。如果对效果不满意，可以对其做进一步调整，比如修改文字和字幕的样式、位置或动画效果等。

通过添加文字和字幕，您可以更清晰地表达视频内容，或者增强视觉效果，从而使您的视频更加吸引人。

案例：简单文本添加

打开剪映，点击"开始创作"，导入视频素材，找到工具栏中的"文本"。点击"新建文本"。如图 2-3-1-1。

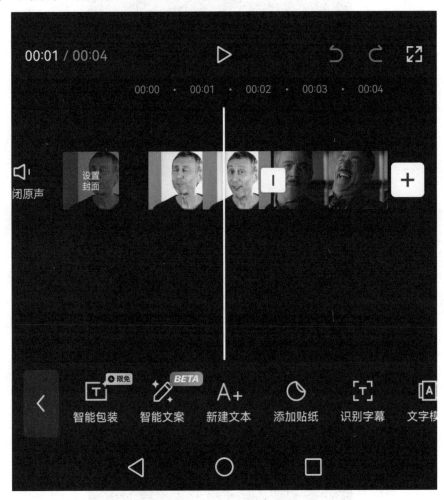

图 2-3-1-1

在"输入文字"框中输入内容，可以对文字进行字体、样式、花字等调整或者直接在文字模板中挑选。如图 2-3-1-2。

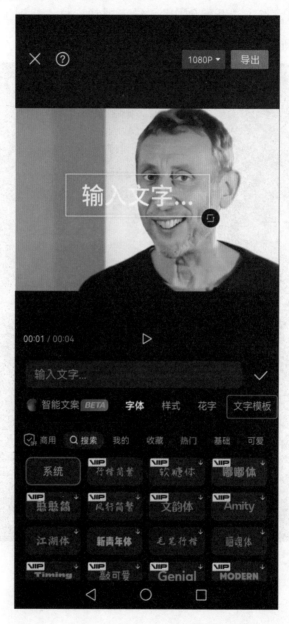

图 2-3-1-2

2.3.2 制作引人注目的标题

引人注目的标题可以通过选择合适的字体、颜色、动画效果以及布局来实现。以下是一些在剪映中制作引人注目的标题的技巧。

选择适合的字体和颜色：选择清晰易读的字体，避免使用过于花哨或难以辨认的字体。根据视频主题和背景选择合适的颜色，确保标题与背景有足够的对比度，使其易于辨认。

使用动画效果：添加动画效果可以使标题更加生动和引人注目。您可以尝试使用淡入淡出、弹出、缩放等效果来增强标题的视觉效果。

精心设计布局：将标题放置在视频中央或者适当的位置，确保它在视觉上引人注目。考虑标题的大小和形状，确保它不会遮挡视频主要内容，并且能够吸引观众的注意力。

添加背景或阴影：在标题周围添加背景或者阴影可以增强其视觉效果，使其更加突出和引人注目。

考虑标题的内容：确保标题内容简洁明了，能够清晰地传达视频的主题或者关键信息。如果有需要，可以将标题分成多行，以提高可读性。

预览和调整：在添加标题后，务必预览视频以查看效果。如果需要进一步调整，可以修改字体、颜色、布局或动画效果，直到达到理想的效果为止。

通过精心设计和调整，您可以在剪映中制作出引人注目的标题，从而吸引观众的注意力并提升视频的质量。

2.4 音频编辑与混音

2.4.1 音频轨道的编辑

进行音频轨道的编辑可以让您调整音频的各个方面，包括音量、剪裁、混音等。以下是在剪映中进行音频轨道编辑的一般步骤。

调整音量： 打开您要编辑的项目，并导航到音频轨道。选择您想要调整音量的音频片段或轨道。接着，您可以通过拖动音频轨道上的音量控制器来调整整个轨道的音量，或者通过调整单个音频片段的音量控制器来调整特定片段的音量。

剪裁音频： 如果需要，您可以剪裁音频片段以去除不需要的部分或者调整其长度。通常，您可以选中音频并拖动音频片段的两端来剪裁其开始的位置和结束的位置。

混音： 如果您有多个音频轨道，您可以将它们混合在一起以创造更丰富的音频效果。例如，您可以在背景音乐和配音之间进行混音，以平衡它们的音量和混合效果。

添加音频特效： 剪映通常会提供一些音频特效，如均衡器、混响、回声等。您可以在音频轨道上应用这些特效，以改变音频的声音效果，并增强其质量。

预览和调整： 添加音频轨道编辑后，您可以预览视频以查看效果。如果需要进一步调整，可以修改音量、剪裁或应用特效，直到达到理想的效果为止。

通过对音频轨道进行编辑，您可以提升视频的音频质量，确保音频与视频内容相匹配，并为观众提供更好的听觉体验。

案例

打开剪映，点击"开始创作"，导入视频素材，点击视频素材，分离音频或者添加音频文件，点击音频素材进入音频工具栏列表。如图 2-4-1-1。

点击工具栏的功能，进行音量调节、淡入淡出、分割、声音效果（音色、场景音、声音成曲）、删除、人声美化、人声分离、节拍、变速、音频降噪等操作。如图 2-4-1-2。

图 2-4-1-1

图 2-4-1-2

2.4.2 音频混合与平衡

进行音频混合与平衡可以让您调整多个音频轨道之间的音量和混合效果，以达到音频效果的最佳平衡。以下是在剪映中进行音频混合与平衡的一般步骤。

打开音频混合界面：在剪映中通常会有一个专门的音频混合界面，您可以在其中对多个音频轨道进行混合和平衡调整。导航到音频混合界面（通常可以在编辑界面的底部或侧边找到）。

调整音频轨道的音量：在音频混合界面中，您会看到各个音频轨道的音量控制器。调整每个音频轨道的音量，以平衡各个音频轨道之间的声音，确保它们在合适的音量范围内。

混合音频：在音频混合界面中，您可以将不同音频轨道的声音混合在一起。调整每个音频轨道的混合比例，以控制它们在最终混音中的比重。

平衡声音：如果您有多个声音来源，例如配音、背景音乐等，您可以调整它们之间的平衡，以确保它们在混合后的音频中相互补充而不冲突。

预览和调整：在音频混合与平衡后，您可以预览视频以查看效果。如果需要进一步调整，可以修改音量、混合比例或平衡设置，直到达到理想的效果为止。

通过音频混合与平衡，您可以确保音频在视频中的表现达到最佳状态，使观众能够享受到更好的听觉体验。

案例

　　打开剪映，点击"开始创作"，导入视频素材，点击添加音频，进入音频添加工具栏。如图 2-4-2-1。点击"音乐"，进入音乐添加界面。如图 2-4-2-2。

图 2-4-2-1　　　　　　　　　　　　　　　　图 2-4-2-2

　　进入音乐界面，有"精选音乐，收藏，抖音收藏"，可以找到视频需要的音乐，如图 2-4-2-3。如果没有合适的音乐，可以通过"导入音乐"，导入视频需要的音乐素材。如图 2-4-2-4。添加完成音频的效果，如图 2-4-2-5。

图 2-4-2-3

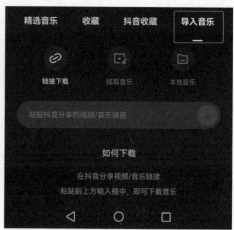

图 2-4-2-4

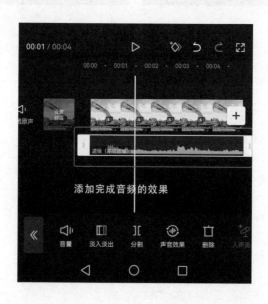

图 2-4-2-5

第三章 中级剪映技能

3.1 高级剪辑技巧

3.1.1 时间轴操作

在剪映中，时间轴操作是编辑视频时非常重要的一部分，您可以借助它控制视频片段的排列、裁剪、移动以及添加各种效果和转场。以下是在剪映中的常见时间轴操作。

裁剪视频片段：在时间轴上选中要裁剪的视频片段，然后拖动其边缘来调整片段的长度，或者使用裁剪工具来精确裁剪开始和结束的位置。

移动视频片段：您可以在时间轴上拖动视频片段，以改变其在时间上的位置。您可以借助它重新排列视频片段的顺序。

分割视频片段：在时间轴上选中一个视频片段，然后可以使用分割工具将其分割成多个片段。

添加效果和转场：时间轴上通常还可以添加各种效果和转场，您可以在需要的位置将这些效果和转场应用到视频片段上。

调整图层顺序：如果您在视频中使用了多个图层，您可以在时间轴上选中图层，拖动它们来改变在画面中的显示顺序。

预览和调整：通过灵活运用时间轴操作，您可以轻松预览和调整视频内容，实现您想要的效果。

3.1.2 多摄影机编辑

剪映支持多摄像机编辑功能。多摄像机编辑通常用于同时使用多个摄像头拍摄同一场景，并在后期编辑中可以切换不同摄像头的画面，以呈现不同角度或视角的视频。这非常适合在直播、演唱会录制时使用。

不过，剪映移动端通常只提供一些基本的视频剪辑和编辑功能，例如裁剪、合并、添加音频和文字等。如果您需要进行多摄像机编辑，可能需要使用更专业的视频编辑软件，如 Adobe Premiere Pro、Final Cut Pro 等，这些软件提供了更高级的编辑功能，包括多摄像机编辑。

剪映移动端导入多条视频素材，通过"画中画"来实现多机位视频的切换。

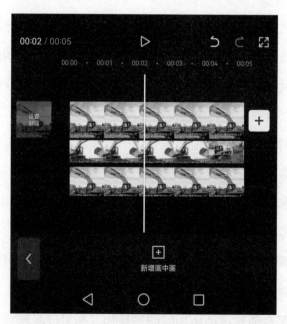

图 3-1-2-1

3.2 色彩校正与调整

3.2.1 色彩校正

剪映提供了一些基本的色彩校正功能，可以帮助用户调整视频的色彩和色调，使其更符合用户的需求。以下是剪映中常见的色彩校正功能。

亮度、对比度、饱和度调整： 您可以在剪映中调整视频的亮度、对比度和饱和度，以改变视频的整体明暗度和颜色鲜艳度。在工具栏中找到"调节"，找到"亮度""对比度""饱和度"，这些调整通常是滑块的形式，使您能够轻松地进行调整。

图 3-2-1-1

　　色调、色温调整：您可以调整视频的色调和色温，以更改视频的整体色调和暖度。通过调整这些参数，您可以使视频的色彩更加准确或者达到特定的视觉效果。

图 3-2-1-2

　　滤镜和预设： 剪映通常会提供一些预设的滤镜和色彩效果，您可以选择自己喜欢的选项快速应用到视频上。这些滤镜和预设通常包括各种风格和效果，如白皙、徕卡、好莱坞等。

图 3-2-1-3

局部调整：有些视频编辑应用可能还提供局部调整的功能，允许用户针对视频的特定区域进行色彩校正。例如，用户可以选择调整视频的某个区域的亮度或饱和度，而不影响其他部分。

虽然剪映中的色彩校正功能相对简单，但它们通常足以满足一般用户的基本需求，使他们能够轻松地调整视频的色彩和色调，获得满意的效果。

如果您需要进行专业水平的色彩校正，可能需要使用专业的视频编辑软件，如 Adobe Premiere Pro、DaVinci Resolve 等。这些软件提供了更多高级的色彩校正工具，如曲线调整、色彩校正器、色彩匹配等，使您能够更精细地调整视频的色彩和色调，以实现您想要的效果。

图 3-2-1-4

3.2.2 调整曝光与对比度

在剪映中，您可以调整视频的曝光和对比度以改善视频的画面质量。以下是在剪映中调整曝光和对比度的一般步骤。

调整曝光：打开您要编辑的视频项目。导航到曝光调整选项（通常可以在编辑视频的"特效—复古—曝光"中找到调整）。您通常可以通过曝光参数中滤镜、强度、纹理来调整视频的曝光水平。向右滑动会增加滤镜、强度，使画面变亮；向左滑动会减少曝光，使画面变暗。观察画面的变化并调整曝光，直到达到您想要的画面亮度。第一步：图 3-2-2-1。第二步：图 3-2-2-2。第三步：图 3-2-2-3。

图 3-2-2-1

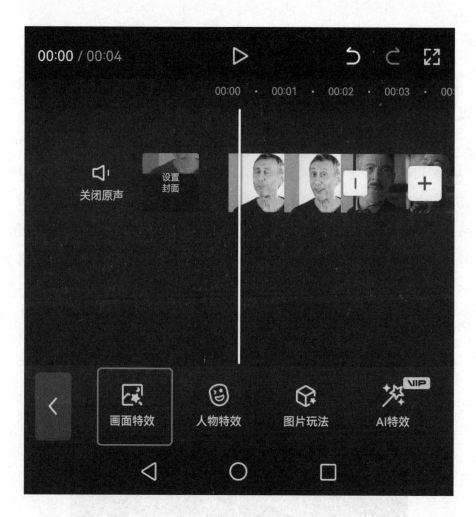

图 3-2-2-2

图 3-2-2-3

图 3-2-2-4

　　调整对比度： 在相同的编辑界面中，您也可以找到对比度调整选项。通常，您可以通过滑动对比度滑块来增加或减少视频的对比度。增加对比度会增强画面中的明暗差异，使画面更加鲜明；减少对比度会减少明暗差异，使画面变得柔和。调整对比度时，您可以观察画面细节的变化，并根据需要调整对比度滑块，直到获得您想要的效果。

　　预览和调整： 调整曝光和对比度后，您可以预览视频以查看效果。如果需要进一步调整，可以继续修改曝光和对比度设置，直到达到理想的画面质量。

　　通过调整曝光和对比度，您可以改善视频的画面质量，使其更加明亮、清晰和吸引人。这些调整通常是提高视频观赏性的重要步骤之一。

3.3 高级文本和图形

3.3.1 动态文本效果

在剪映中，您可以通过添加文本效果来提升视频的观赏性。以下是在剪映中增强文本效果的一般步骤。

选择文本样式：点击"开始创作"，导入素材，在工具栏找到"文本"选项（通常可以在编辑界面的底部找到）。浏览可用的文本样式和模板，并选择您喜欢的一个。剪映通常提供了各种不同的字体、大小、颜色和动画效果供您选择。如图3-3-1-1。

添加文本：在视频中选择一个位置，然后添加您想要显示的文本内容。输入文本内容，并根据需要调整文本的大小、位置和颜色。如图3-3-1-2。

图 3-3-1-1

图 3-3-1-2

　　调整文本效果：您可以调整文本的动画效果，例如淡入淡出、弹出、闪烁等，以增强视觉效果。文本效果其他选项，如颜色渐变、边框、阴影等，也可以使文本更加丰富和吸引人。如图 3-3-1-3。

　　编辑文本内容：随时可以编辑已添加的文本内容，包括文字内容、字体、大小、颜色等，以满足您的需求。如图 3-3-1-4。

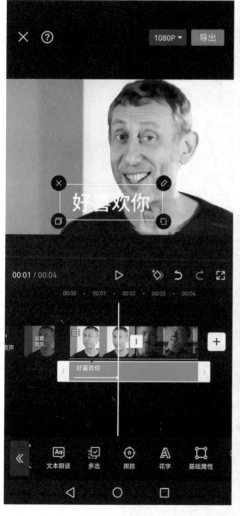

图 3-3-1-3

图 3-3-1-4

　　预览和调整： 在添加文本效果后，您可以预览视频。对视频效果不满意，可以继续调整，比如修改文本内容、样式或动画效果，直到达到理想效果为止。

　　通过添加文本效果，您可以在视频中传达更多的信息，并增强视频的视觉吸引力，从而使观众更容易理解和享受您的视频内容。

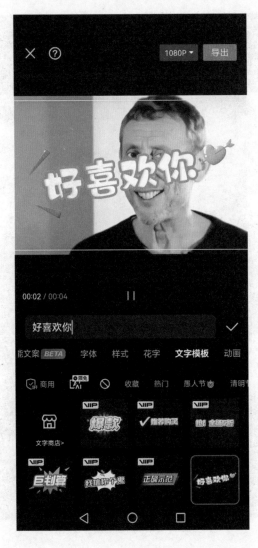

图 3-3-1-5

3.3.2 图形与动画的应用

在剪映中，您可以通过添加图形和动画效果来增强视频的视觉效果和吸引力。以下是在剪映中使用图形和动画的一般步骤。

选择图形样式： 打开您要编辑的项目，导航到图形效果选项（通常可以在编辑界面的底部或侧边找到）。浏览可用的图形样式和模板，并选择您喜欢的一个选项。

添加图形： 在视频中选择一个位置，然后添加您想要显示的图形内容。然后根据需要调整图形的大小、位置和颜色。

调整动画效果： 您可以为图形添加动画效果，例如淡入淡出、移动、旋转等，以增强其视觉效果。一些图形效果还可能提供其他选项，如缩放、闪烁、形状变换等，这样做能使图形更加生动和引人注目。

编辑图形内容： 随时可以编辑已添加的图形内容，包括形状、大小、颜色等，以满足您的需求。

预览和调整： 在添加图形效果后，您可以预览视频，如果对视频效果不满意，可以继续调整，比如，可以修改图形内容、样式或动画效果，直到达到理想的效果为止。

通过添加图形和动画效果，您可以为视频增添更多的视觉元素，提供更生动、更有趣的观看体验，从而使视频内容更加丰富和吸引人。

3.4 输出与分享

3.4.1 视频的导出与格式

视频拍摄和剪辑好后需要输出与分享，这时就需要我们将视频导出并存储为合适的格式，以方便我们将制作好的视频保存到本地设备或分享到其他平台。下面讲解剪映中视频如何导出以及它支持的格式。

导出视频：在剪映中，剪辑完成的视频右上角，通常有一个导出或分享按钮，您可以点击它来导出您的视频。如图 3-4-1-1。在导出视频之前，您可能需要选择视频的分辨率、帧率和质量等参数，只有电脑版的剪映有参数设置，还可以选择导出视频时是否包含音频，以及导出视频的存储位置。如图 3-4-1-2。

图 3-4-1-1

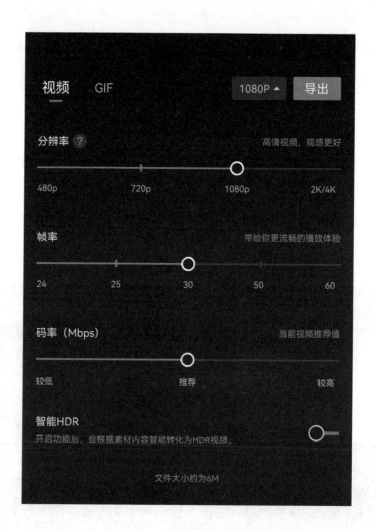

图 3-4-1-2

视频格式： 您可以选择合适的视频格式，以便视频能够在不同的设备
和平台上播放和共享。

帧率： 在导出视频时，您可以选择视频的帧率大小。一般来说，更高
的帧率会产生更高质量的视频，但同时也会占用更多的存储空间。

视频分辨率：您还可以选择导出视频的分辨率，通常有 720p、1080p、2K、4K 等选项。更高的选项会导致文件更大，但视频的清晰度和细节也会更好。

保存位置（电脑版剪映）：在导出视频之前，您需要选择视频的保存位置。您可以选择将视频保存到本地设备上的特定文件夹中，或者直接分享到社交媒体平台。剪映中有一些默认的导出设置，但您也可以根据需要进行自定义设置。完成导出后，您就可以轻松地分享您的视频作品了。图 3-4-1-3 便是视频导出存储界面。

图 3-4-1-3

3.4.2 社交媒体分享与推广

剪映提供了简单且直接的社交媒体分享功能，让您可以轻松将编辑好的视频分享到不同的社交媒体平台上进行推广。以下是一般的社交媒体分享与推广流程。

选择分享选项： 在您完成视频编辑后，通常会有一个分享按钮或选项，您可以点击它来分享您的视频。分享选项中，您可能会看到各种社交媒体平台的图标或选项，比如头条、抖音、西瓜视频、微信、QQ 等。

选择社交媒体平台： 点击您想要分享视频的社交媒体平台图标或选项。在剪映中，通常会跳转到该社交媒体平台的登录界面，以确保您的身份验证和授权。如图 3-4-2-1。

图 3-4-2-1

编辑和发布： 在您选择了要分享的社交媒体平台后，通常会提供一些选项来编辑视频标题、描述和标签等信息。您可以编辑视频的相关信息，并选择将视频设为公开或私密，然后点击发布或分享按钮。

推广和互动： 视频在社交媒体上发布，通过与其他用户互动来增加视频的曝光度和观看量。您也可以用回复评论、与粉丝互动、使用标签和话题等方式来增加视频的曝光度和吸引力。

通过使用剪映的社交媒体分享功能，您可以轻松地将您的视频作品分享到您喜欢的社交媒体平台上，并与他人分享您的创作，从而扩大您的观众群体并增加视频的曝光率和观看量。

图 3-4-2-2

第二部分
进阶篇

第四章 高级特效与动画

4.1 制作特效

4.1.1 视觉特效

视觉特效是一种通过计算机生成图像和处理真人拍摄范围以外镜头的技术，创造电影中虚拟的场景和人物。比如，在电影《阿凡达》中，便运用该技术创造了丰富的虚拟场景。剪映中也提供了很多视觉特效。

调整色彩：剪映提供了丰富的色彩调整功能，您可以调整视频的亮度、对比度、饱和度、色调等参数，以改变视频的色彩效果和整体视觉效果。

滤镜效果：剪映通常提供了多种滤镜效果，您可以选择不同的滤镜应用到视频上，如复古、黑白、冷暖色调等，以营造不同的画面风格和情感氛围。如图 4-1-1-1。

模糊和清晰化：剪映通常提供了模糊和清晰化功能，您可以对视频中的特定区域进行模糊处理或清晰化处理，以突出或隐藏特定部分的内容。

镜头光晕和光斑：剪映还提供了一些镜头特效，如镜头光晕和光斑效果，您可以添加这些特效增加视频的艺术感和视觉吸引力。

图像边框和边缘模糊：剪映还提供了一些图像边框和边缘模糊效果，您可以添加这些效果以美化视频画面并增加视觉层次感。

　　动态模糊和运动效果： 剪映还提供了动态模糊和运动效果功能，您可以添加这些效果以模拟运动过程中的模糊效果或增强画面的动感。

　　这些视觉特效可以帮助您调整视频的外观和氛围，使其更具吸引力和创意。您可以根据视频的主题和您的创作需求选择适合的特效，并通过剪映提供的工具进行调整和应用。

　　点击"开始创作"，导入素材，找到工具栏，找到"特效—画面特效"，会看到很多特效效果。如图 4-1-1-1，如图 4-1-1-2，如图 4-1-1-3。

图 4-1-1-1

 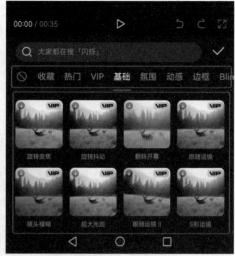

图 4-1-1-2   图 4-1-1-3

4.1.2 制作过渡动画

在剪映中，您可以使用过渡动画来平滑地切换两个视频片段之间的转场效果，使视频流畅自然。以下是在剪映中制作过渡动画的一般步骤。

选择转场效果： 打开您要编辑的项目，将两个视频片段放置在时间轴上，确保它们相邻。导航到转场效果选项，通常可以在编辑界面的转场或效果部分找到。浏览可用的转场效果，并选择您喜欢的选项。

应用转场效果： 在时间轴上将所选的转场效果应用到两个视频片段之间的过渡区域。通常，您只需将转场效果拖放到两个视频片段之间即可。

调整转场效果： 一旦应用了转场效果，您可以对其进行调整以满足您的需求。剪映通常会提供一些参数供您调整，如持续时间。

预览和调整： 完成转场效果的添加和调整后，您可以预览视频，如果对效果不满意，可以对其进行修改，如修改转场效果的参数，直到达到理想的转场效果为止。

添加其他转场效果（可选）：如果您希望在视频中使用多种转场效果，可以在不同的转场区域重复上述步骤，为不同的视频片段之间添加其他转场效果。

通过使用剪映提供的转场功能，您可以轻松地为视频添加流畅的转场效果，使视频更加吸引人并提升观赏体验。

案例：给视频添加翻页动画效果

打开剪映，点击"开始创作"，导入两段视频素材，点击两段视频中间的小竖线，进入转场工具中。如图 4-1-2-1。

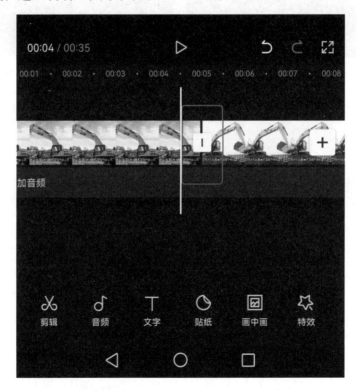

图 4-1-2-1

进入转场的页面，如图 4-1-2-2。可以滑动导航栏目，找到想要的栏目，点击进入转场的效果页面。如图 4-1-2-3。点击想要的转场效果，下方的时长为转场的持续时间。

图 4-1-2-2   图 4-1-2-3

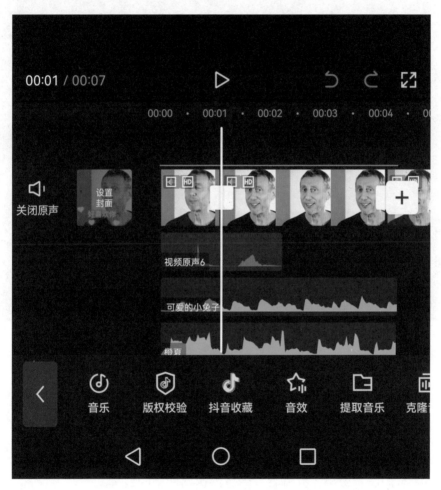

4.2 高级音频处理

4.2.1 音频特效与声音效果

　　在剪映中，您可以利用音频特效和声音效果来增强音频的质量和效果。以下是在剪映中使用音频特效和声音效果的一般步骤。

图 4-2-1-1

　　音频特效：剪映提供常见的音频特效，例如笑声、综艺、机械、BGM、人声、转场、游戏、魔法、打斗、美食、动物、环境音、手机、悬疑、乐器等。点击"开始创作"，导入素材，点击工具栏中的"音频—音效"进入"音效"界面。浏览可用的音频特效选项，并选择您想要应用的特效。调整特效参数，例如增强或减弱某些频率，减少噪音等，以满足您的需求。

图 4-2-1-2

　　声音效果：类似于视频滤镜，声音效果可以改变音频的音色、音质和环境效果。在音频编辑界面中，浏览可用的音频滤镜选项，并选择您喜欢的一个。常见的声音效果有音色、场景音、声音成曲等。您可以根据需要选择适合的声音效果，并调整其参数以达到期望的效果。

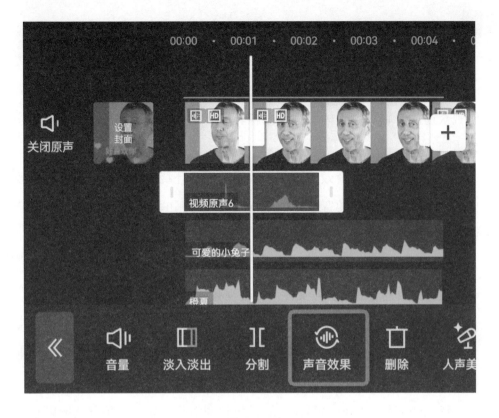

图 4-2-1-3

预览和调整：完成音频特效和滤镜的添加和调整后，您可以预览视频以查看效果。如果需要进一步调整，可以修改特效和滤镜的参数，直到达到理想的音频效果为止。

通过使用剪映提供的音频特效和滤镜，您可以轻松地调整音频的音质和效果，提升视频的整体观赏体验。

4.2.2 空间音效的应用

在剪映中，通常可以通过添加空间音效来增强视频的环绕感和沉浸感，使观众更加身临其境地体验视频内容。以下是在剪映中应用空间音效的一般步骤。

选择合适的空间音效：这些音效通常包括环绕声、环境声、立体声效果等。您可以在剪映的音效库中搜索或浏览可用的空间音效，并选择适合您视频内容和场景的音效。

添加空间音效：将选定的空间音效应用到您的视频项目中。在剪映中，可以通过拖放的方式将音效文件添加到视频项目的时间轴上的相应位置。

调整音效参数：调整其参数以满足您的需求。这包括音量、混响、平衡和声相等参数的调整，以确保音效与视频内容的整体氛围相匹配。选中场景音中的效果，点击其中的效果可以调整参数。

预览和调整：完成空间音效的添加和调整后，您可以预览视频以查看效果。如果需要进一步调整，可以修改音效的参数，直到达到理想的效果为止。

导出视频：完成对空间音效的调整后，您可以导出视频并分享到您喜欢的平台，使观众能够享受到增强的音频体验。

通过在剪映中添加空间音效，您可以提升视频的观赏体验，使观众更加沉浸于视频内容中。这对于创造更加生动和逼真的视听效果非常有用。

4.3 剧情编辑

4.3.1 故事结构与节奏

故事结构和节奏是影响视频质量和吸引力的重要因素。以下是一些在剪映中营造良好故事结构和节奏的方法。

剧情策划：在开始剪辑之前，先规划好视频的整体剧情和故事情节。明确您想要表达的主题和故事情感，以及要展示的重点和转折点。

叙事逻辑：确保视频的叙事逻辑清晰明了，观众能够理解视频的内容和情节发展。合理安排片段的顺序和结构，确保它们之间有连贯性以及逻辑性。

节奏感：控制视频的节奏感，合理安排节奏的快慢，使其既有起伏变化，又不至于拖沓或仓促，以吸引观众的注意力并保持他们的兴趣。

剪辑技巧：使用剪辑技巧来增强视频的节奏感和故事效果，如剪辑点的选择、转场效果的应用、音乐和音效的配合等。确保剪辑流畅自然，避免画面切换过于突兀生硬。

音乐选择：选择合适的背景音乐以增强视频的节奏感和情感表达。音乐可以帮助营造氛围、引导观众情绪，并与视频内容相呼应。

视觉效果：使用视觉效果和动画来增强视频的视觉吸引力和故事表现力。适时添加特效和转场效果，以吸引观众的注意力并准确传达您想要表达的信息。

通过合理规划故事结构、控制节奏感和运用剪辑技巧，您可以在剪映中制作出高端的视频作品，吸引观众的注意力并将您期望表达的信息和情感进行传达。

4.3.2 编排场景与情节

在剪映中编排场景与情节是指安排视频中不同场景和情节的顺序和组织，以展现清晰的故事线和引人入胜的故事情节。以下是在剪映中编排场景与情节的一般步骤。

故事策划： 在开始剪辑之前，先规划好视频的整体故事结构和情节发展。确定您想要表达的主题和核心信息，并拟定好故事的开头、发展、高潮和结尾。

场景选择： 根据故事情节和主题，选择合适的场景和素材来呈现您想要表达的内容。确保场景选择与故事情节相吻合，并能够引导观众理解故事的发展和内涵。

剧情流程： 安排好不同场景、情节的顺序和连接方式，确保剧情连贯自然，让观众能够理解故事的逻辑和发展。

节奏掌控： 控制视频的节奏感，使剧情发展既有起伏有变化，又不至于拖沓或仓促。合理安排场景之间的转换和过渡，保持剧情节奏的连续和流畅。

画面构图： 在编排场景时，注意画面构图和布局，确保画面清晰明了，能够有效传达故事情节和信息。可以考虑镜头角度、拍摄视角和画面元素的组合，以增强视觉效果和情感表达。

音乐与音效： 选择适合的背景音乐和音效来增强故事的氛围感和情感表达。音乐和音效可以帮助引导观众情绪，使故事更具感染力和吸引力。

通过合理编排场景与情节，您可以在剪映中制作出具有引人入胜的视频作品，吸引观众的注意力并传达清晰的故事主题和情感内涵。

4.4 虚构电影制作

4.4.1 剧本创作与导演技巧

在剪映中进行剧本创作和导演技巧虽然并不是直接的功能，但您可以利用剪映的视频编辑工具来实现您的创作意图和导演愿景。以下是一些在剪映中进行剧本创作和导演技巧的建议。

剧本创作： 在开始编辑之前，准备一个详细的剧本或剧情大纲，包括故事情节、角色设定、对话和场景描述等。

角色设定： 根据剧本中的角色设定，选择合适的演员或使用素材来扮演角色。确保演员能够准确地传达角色的情感和表现力。

场景设置： 根据剧本中描述的场景和背景，选择合适的拍摄地点或使用虚拟场景来呈现场景设定。确保场景中能够有效地支持故事情节和角色发展。

镜头规划： 在拍摄前，制定好镜头规划和拍摄计划，包括镜头角度、移动方式、对焦和曝光等参数。确保镜头能够有效地传达故事情节和情感表达。

导演技巧： 在拍摄过程中，积极引导演员表演和指导拍摄团队，确保画面效果和表现力达到预期。使用剪映提供的剪辑工具来剪辑和编辑视频，以实现导演愿景和创作意图。

音乐和音效： 选择适合的背景音乐和音效来增强视频的氛围和情感表达。音乐和音效可以有效地支持故事情节和角色发展，并提升观众的观影体验。

通过有效地运用剧本创作和导演技巧，结合剪映提供的视频编辑工具，您可以创作出具有引人入胜的视频作品，吸引观众的注意力并传达清晰的故事主题和情感内涵。

4.4.2 视觉效果与音乐的融合

在剪映中，视觉效果和音乐的融合是制作高质量视频的重要部分。下面是一些融合视觉效果和音乐的技巧。

选择合适的音乐：在编辑视频之前，要选择适合视频内容和情感氛围的背景音乐并确保音乐的节奏和情感与视频的主题和氛围相匹配。

音乐节奏与剪辑节奏的匹配：将视频剪辑的节奏与音乐的节奏相匹配，以确保画面和音乐之间的和谐统一。在剪辑时，尝试根据音乐的节奏进行画面切换和特效添加，以增强视频的动感和节奏感。

视觉效果与音乐节奏的配合：利用视觉效果来强化音乐的节奏和情感。例如，在节奏强劲的部分添加快速的剪辑和动态的特效，以增强视频的视觉冲击力和节奏感。

情感表达的呼应：视觉效果和音乐应该相互呼应，共同传达视频的情感和主题。根据音乐的情感，选择合适的视觉效果和剪辑风格，以强化视频的情感表达和观感效果。

节奏变化和转场效果：根据音乐的节奏变化和情感起伏，调整视频的节奏和转场效果。在音乐节奏快速的部分增加动态的转场效果和快速的剪辑，而在节奏缓慢的部分则采用柔和的过渡和慢动作效果。

音乐剪辑和音效的添加：如果需要，可以对音乐进行剪辑，以使其与视频内容更好地配合。此外，还可以添加合适的音效来增强视频的氛围和情感表达。

通过将视觉效果和音乐巧妙地融合在一起，您可以制作出更具吸引力和感染力的视频作品，吸引观众的注意力并传达清晰的情感和主题。

4.4.3 滤镜参数详解

剪映拥有丰富的调节参数，可以让用户对视频进行精细的编辑和调节。下面详细介绍剪映常用的调节参数。

智能调节：智能调节指的是自动调整视频的色彩和对比度来提高视频的质量，这个功能主要是调整像素值。

亮度：亮度是调节整体画面的明暗效果。拉动滑块，调整明暗效果：往右拉动，整个画面逐渐变亮；往左拉动，整个画面逐渐变暗。

对比度：对比度是画面中明暗的对比效果，让画面更有层次感。拉动滑块调节视频的对比度：往右拉，对比度变大，画面中亮的地方更亮，暗的地方更暗，明暗对比更明显，画面显得更清晰；往左拉动，明暗对比更弱，画面层次感减弱，画面逐渐变成灰色。

饱和度：饱和度指的是画面中颜色的鲜艳程度。往右拉动，可以看见颜色更鲜艳；往左拉动，可以看见颜色逐渐变得更黯淡。拉到最小值，呈现出的画面就是黑白的了。

光感：光感是光的强弱调节，光感也会改变画面的明暗程度。拉动滑块调节光感：往右拉动，可以看见画面逐渐变亮；往左拉动，可以看见画面逐渐变暗。调节光感跟调节亮度在视觉上区别不大的，只是调节亮度明暗变化的范围会比调节光感明暗变化的范围更大，

锐化：向右拖动滑块增加锐化值，会使画面边缘轮廓细节更明显，让画面显得更清晰。这里需要注意的是，锐化值不能过大，因为锐化值太大

会使画面失真。

HSL： HSL 是色相、饱和度、亮度的简称。剪映中可以对画面中每种颜色进行色相、饱和度、亮度单独调节。色相：通俗的说就是颜色的样子，颜色的面貌。调节色相会改变颜色原来的样子，比如花儿是红色的，我们点击红色并往右拉动滑块，红色会变成棕红色，往左拉动滑块就逐渐变成紫色，其他颜色大家也可以试试。这里的色相、饱和度、亮度只是针对你选择的颜色进行调整，而不是对画面中所有颜色进行调整。

高光： 高光指的是画面中亮的部分，调节高光就是调节画面中亮的部位的明暗程度。拉动滑块使其改变：往右拉动，画面亮的地方变得更亮；往左拉动，则会变得更暗。

阴影： 阴影是指画面中暗的部分。往右拉动滑块，画面暗的地方变亮，往左拉动则变得更暗。

色温： 色温通俗的可以理解为颜色的温度，也就是画面的冷暖色调。往右拉动滑块，颜色逐渐变黄，也就是平常说的暖色调，给人温暖的感觉。往左拉动滑块，则呈现冷色调。

色调： 色调指的是画面色彩倾向的风格，也就是画面倾向的颜色。往右拉动滑块，会使画面色彩偏红色；往左拉动，画面色彩偏绿色。

褪色： 褪色指的是画面颜色逐渐变淡。往右拉动滑块，颜色逐渐变淡，画面也变得灰蒙蒙的。

暗角： 它就是给画面添加暗角，突出画面的中心，调节画面中四个角的明暗程度。往右拉动滑块，四个角逐渐变暗；往左拉动，四个角则逐渐变白。

颗粒： 就是增加画面画质的粗糙感。往右拉，增大颗粒值，可以增加画面的粗糙感；往左拉，减小颗粒值，降低粗糙感。

曲线：曲线里的颜色圆点，代表的是颜色通道，分别是白色、红色、绿色、蓝色。从左往右分四块区域，他们分别代表黑色、阴影、高光和白光。可点击曲线上任意位置添加调整点，双击是取消添加点。这个点可以理解为固定曲线的作用，这样就可以在不影响其他区域的情况下精准调节画面。

选中想要编辑的视频，点击工具栏中的"调节"按钮，便可找到以上提到的调节工具。如图 4-4-3-1，图 4-4-3-2。

图 4-4-3-1   图 4-4-3-2

第五章 剪映进阶技术

5.1 协作

5.1.1 多机位剪辑

打开手机剪映应用，点击"开始创作"。

在项目中导入需要剪辑的多条视频素材。

选择其中一条视频，在时间轴上进行剪辑、调整音频、特效、滤镜等操作。

完成对第一条视频的剪辑后，点击右上角的"复制"按钮，将剪辑效果复制到剩余的视频上。

逐一选择每条视频，点击右上角的"粘贴"按钮，将剪辑效果应用到每个视频上。

完成批量剪辑后，点击右上角的"导出"按钮，选择输出格式和分辨率，导出最终的剪辑视频。

5.1.2 剪映平台项目协作

确保小组成员都已经下载并安装了剪映应用，并拥有一个有效的剪映账号。打开剪映应用并创建一个新的编辑项目，或者打开已经存在的编辑项目。然后在编辑项目的首页，点击右下角的"..."按钮，并选择"上传"选项。如图 5-1-2-2。

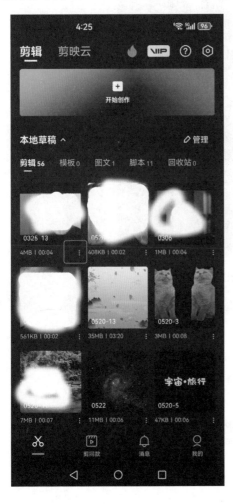

图 5-1-2-1

图 5-1-2-2

在"剪映云"页面，你可以通过手机号码或剪映账号来邀请小组成员加入编辑项目。点击右下角圆形蓝色加号，继续邀请他人上传，生成邀请链接，即可邀请上传。这样，你们就可以加入到编辑项目中。

图 5-1-2-3

在协作编辑项目中，你和你的小组成员可以同时编辑时间线上的内容，包括添加、删除、调整顺序和修改剪辑等操作。

图 5-1-2-4

每个成员的编辑操作会实时同步到其他成员的设备上，以便团队成员之间能够实时查看和协调编辑工作。

组员：使用小组空间的文件，修改自己在小组中的昵称。

协作者：除拥有组员权限外，还可以上传文件，并对自己上传的内容进行管理。

管理员：除拥有协作者权限外，还可以邀请新成员加入，控制成员权限，管理所有文件。

创建人：拥有以上所有权限，若成员退出后，所有在小组内的文件均归属创建人。

通过以上步骤，你可以与小组成员一起使用剪映进行协作编辑。协作编辑功能需要稳定的网络连接，确保所有成员都能够正常连接到互联网。此外，每个成员必须具备相应的权限和访问权限，才能够进行编辑操作。

5.2 故障排除与优化

5.2.1 常见问题的解决方案

在剪映中，可能会遇到一些问题。以下是一些常见问题及其解决方案。如表 5-2-1-1。

表 5-2-1-1

问题分类	具体问题	解决方式
素材	媒体丢失	1.是否重命名文件/文件夹 2.是否移动文件/文件夹 3.是否复制文件再拖移回文件夹 4.原素材是否被第三方清理软件清除？ 5.原素材是否在外接硬盘中？目前不支持读取外接硬盘素材，不稳定，容易造成草稿丢失 如有，则尝试还原素材位置（放在本地磁盘）、还原文件名等，再重启剪映看素材是否重新链接，现阶段可以右键链接原素材，一般情况下可以将原素材链接回来。 如果还不放心，请使用云备份备份好你的重要草稿。
	导出文件过大	目前已经支持自定义码率或保留原素材参数导出。
启动页呈现透明界面	透明界面	在全局设置-性能中，关掉【启动GPU绘制界面】
版权	商用	剪映只是作为视频剪辑工具，无权做版权的转授权。如果把视频用于一些商业用途，需要用户自行购买版权以做商用。 字体是否可免费商用需要看字体版权方，剪映不提供版权的转授权。
功能	关键帧	已有基础关键帧，无蒙版关键帧，正在优化更多关键帧功能。
字幕	识别失败	检查电脑时间和准确的北京时间是否一致，如果不一致，请把电脑时间改成准确的北京时间。
色彩空间	HDR解释	SDR - 709标准色彩空间，市面上大部分显示器和相机支持的，适用最广泛。 HLG - 2020 HDR的色彩空间，可显示色彩和亮度范围更大，但尚未完全普及。苹果公司这两年的新手机、电脑支持的比较好。 PQ - 也是2020的HDR色彩空间，一般出现在专业的摄像机上。大家用的时候可以根据自己拍摄的素材来选择，或完全不需要考虑。剪映功能做了自适应，会帮你做一些色彩转换和提示，保证显示素材和色彩空间能够匹配，不会出现过曝或断层。
音频	音乐无法解析	涉及版权问题，不支持解析抖音以外的音乐链接。

5.2.2 提高剪映性能的技巧

提高剪映性能的技巧可以帮助您更流畅地进行视频编辑和处理。以下是一些提高剪映性能的技巧。

更新至最新版本：确保您的剪映应用程序是最新版本，以获取最新的性能优化和漏洞程序错误修复。

清理设备存储空间：释放设备存储空间，删除不需要的文件或应用程序，以确保剪映有足够的运行空间。

关闭后台应用程序：关闭后台其他运行的应用程序，以释放设备的内存和处理资源，使剪映能够更流畅地运行。

降低视频分辨率：如果编辑的视频分辨率过高，可以尝试降低视频分辨率以减轻设备的负荷，从而提高剪映的性能。

限制特效和转场效果：减少在视频中使用的特效和转场效果的数量和复杂度，特别是在较低性能的设备上，过多的特效和转场效果可能会影响剪映的性能。如果可能的话，尽量在性能较高的设备上进行视频编辑，这样可以更流畅地运行剪映并提高编辑效率。

调整预览质量：在剪辑过程中，可以降低预览质量以减少剪映的资源消耗，从而提高性能。

关闭实时预览：在编辑过程中，关闭实时预览功能可以帮助减轻剪映的资源消耗，从而提高性能。

通过采取这些措施，您可以提高剪映的性能，以便进行流畅的视频编辑和处理。

第六章 剪映专业技能

6.1 影片剪辑的艺术

6.1.1 情感表达与故事叙述

在剪映中进行情感表达和故事叙述是制作吸引人视频的关键。以下是一些技巧，可以帮助您在剪映中实现更好的情感表达和故事叙述。

选择合适的素材：选择能够有效传达情感和故事的素材。这可能包括视频片段、图片、音乐和音效等。

剧情策划：在开始编辑之前，制定一个清晰的故事情节或剧情大纲。明确您想要传达的情感和故事主题，以及主要的情节发展。

剪辑节奏：控制视频的节奏以传达情感。例如，在需要营造紧张氛围或快节奏的场景中，使用快速的剪辑和动态的转场效果；在需要营造宁静或慢节奏的场景中，采用缓慢的剪辑和柔和的转场效果。

音乐和音效：选择适合的背景音乐和音效来增强情感表达和故事氛围。音乐和音效可以在很大程度上影响观众的情感体验，因此需要选择合适的音乐和音效。

色彩和视觉效果：通过调整色彩、对比度和亮度等参数，以及添加滤镜和视觉效果，可以有效地传达情感和氛围。

故事叙述：使用适当的叙事技巧来传达故事。这可能包括使用字幕和声音解说等方式，以及选择合适的剪辑顺序和场景设置来讲述您的故事。

情感转折点：突出情感转折点和高潮部分。通过切换剪辑风格、音乐节奏和视觉效果等方式，突出故事中的重要情感转折点，以吸引观众的注意力并引发共鸣。

观众情感连接：尝试与观众建立情感连接。通过展示真实和感人的故事情节，以及让观众产生共鸣的情感主题，可以使您的视频更具有吸引力和影响力。

通过运用这些技巧，在剪映中实现更好的情感表达和故事叙述，可以帮助您制作出更具有吸引力和情感丰富的视频作品。

6.1.2 剪辑风格与个性化

剪映中的剪辑风格和个性化是指根据您的喜好和创意选择适合的剪辑风格和效果，使您的视频具有独特的风格和个性。以下是一些在剪映中实现剪辑风格和个性化的技巧。

选择合适的音乐：选择与视频主题和情感相符合的背景音乐。音乐可以极大地影响观众的感受和对视频的理解，因此选择合适的音乐是至关重要的。

添加特效和转场效果：在剪辑过程中，根据您的喜好和创意，添加特效和转场效果来增强视频的视觉吸引力。可以尝试不同的特效和转场效果，找到最适合您视频风格的效果。

调整色彩和对比度：通过调整色彩、对比度和亮度等参数，使视频的色彩更加丰富和鲜明。您可以根据视频内容和情感氛围选择不同的色彩，以突出您视频的个性化风格。

添加文字和字幕：在视频中添加文字和字幕，可以帮助您传达更多信息和情感表达。您可以选择不同的字体、颜色和样式来匹配您的视频风格，并实现个性化的效果。

创新剪辑手法：尝试使用创新的剪辑手法和技巧，例如分屏、快速剪辑、慢动作等，来增强视频的个性化和独特性。不断尝试新的剪辑手法，可以使您的视频更具创意和吸引力。

保持一致性：确保您的视频风格和个性在整个视频中保持一致。选择适合主题和风格的元素，并确保它们在整个视频中统一和协调。

6.1.3 电影调色

打开剪映，在素材库中添加高楼的视频。点击视频素材，在视频结尾增加一个关键帧，如图 6-1-3-1。回到视频起点处，给视频增加滤镜，如图 6-1-3-2。给视频增加滤镜"影视级 好莱坞"，如图 6-1-3-3。在这个基础上增加滤镜"黑白—冷墨"并把参数调为 30。如图 6-1-3-4。新增调整参数锐化调为 30，如图 6-1-3-5。色温调为 15，如图 6-1-3-6。

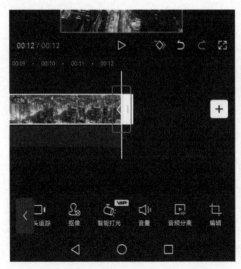

图 6-1-3-1

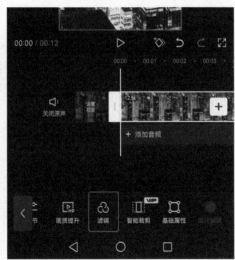

图 6-1-3-2

图 6-1-3-3

图 6-1-3-4

图 6-1-3-5

图 6-1-3-6

　　在时间轴点击视频，点击下方工具栏"变速"，如图 6-1-3-7。"曲线变速"，如图 6-1-3-8。"自定"，如图 6-1-3-9。把第 2 个和第 4 个圆点移到 0.5 的位置，如图 6-1-3-10。或使用曲线变速固定模板"蒙太奇"，如图 6-1-3-11。便可实现视频慢放，并增加氛围感，如图 6-1-3-12。

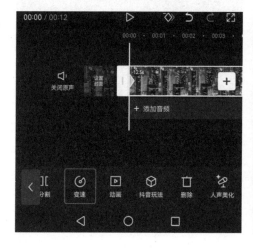

图 6-1-3-7

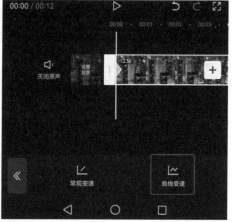

图 6-1-3-8

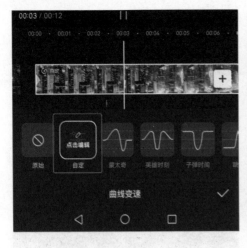

图 6-1-3-9

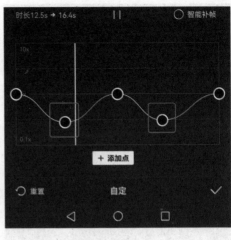

图 6-1-3-10

图 6-1-3-11

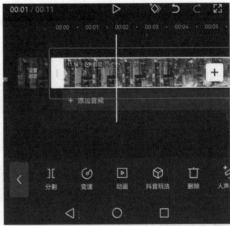

图 6-1-3-12

6.2 高级音效设计

6.2.1 音频剪辑的创意应用

在剪映中，音频剪辑可以通过一些创意应用来增强视频的效果和表现力。以下是一些音频剪辑的创意应用。

音乐剪辑： 使用音频剪辑工具对背景音乐进行剪辑，调整音频的长度、节奏和节拍，使其与视频内容更好地匹配。您可以选择在特定情节或场景中淡出或淡入音乐，以创造出更流畅的转场效果。

音效添加： 在关键情节或动作中添加合适的音效，增强视频的真实感和氛围。例如，在汽车场景中添加引擎轰鸣声，或在自然风景中添加鸟鸣声，以增强视频的环境感。

声音剪辑： 对视频中的对话或声音进行剪辑，删除无关紧要的部分或调整音频的音量和音调，以提高对话的清晰度和可听性。您还可以尝试在音频中添加回声或混响效果，以增强声音的层次和质感。

音乐与视频效果的结合： 尝试将音乐与视频效果结合起来，创造出更具戏剧性和视觉冲击力的效果。例如，在视频高潮部分配合音乐节奏进行快速剪辑和动态过渡，以增强视频的节奏感和张力。

音频反转和变调： 使用音频剪辑工具对音频进行反转或变调处理，创造出奇特和神秘的音效效果。这些效果可以在特定情节或场景中增加一些独特的视听体验。

音频混合与叠加： 尝试将多个音频轨道混合和叠加在一起，创造出丰富多彩的音频效果。您可以将多个音乐曲目叠加在一起，或将音乐与环境音效混合，以创造出更具层次感和深度的音频效果。

通过这些创意应用，您可以充分利用剪映中的音频剪辑工具，增强视频的音频效果和表现力，使您的视频作品更具有吸引力和视听体验效果。

6.2.2 音效设计的基本原则

在剪映中进行音效设计时，可以遵循一些原则来确保音效的效果和质量品质。

合适性：确保所选用的音效与视频内容和场景相匹配。添加音效是为了能够增强视频的氛围和情感表达，而不是与之不协调或矛盾。

真实性：尽可能选择真实和自然的音效，以使观众更容易接受和理解。例如，在自然风景中使用真实的自然音效，而不是人工合成的音效。

清晰度：确保音效的清晰度和适合性。音效应该能够清晰地传达所要表达的信息或情感，而不是语意模糊，声音也听不清楚。

适度：避免过度使用音效，以免影响观众的体验和理解。音效应该是视频的辅助手段，而不是主导因素。

节奏和节拍：根据视频的节奏和情感氛围选择合适的音效节奏和节拍。音效的节奏和节拍应该与视频内容和背景音乐相协调，以创造出更加和谐的效果。

层次和深度：在需要时使用多个音效轨道来创造出更丰富多彩的音频效果。通过叠加和混合不同的音效，可以增加音频的层次感和深度，使视频更具吸引力。

创意和想象：不要局限于常规的音效，尝试运用创意和想象力，创造出独特和新颖的音频效果。

尝试不同的音效和音频效果，创造出更具个性化和创意性的音效设计。

6.2.3 短视频中加入自己喜欢的音乐

打开抖音，在抖音中点击短视频右下角的碟片图标，点击收藏音乐。

图 6-2-3-1

打开剪映，导入视频素材，点击"添加音乐"，在工具栏找到"抖音收藏"功能，找到我们收藏的音乐，点击"使用"，这样便添加成功了。

图 6-1-3-2

6.3 高效的工作流程

在剪映中进行时间管理和任务分配是确保高效完成视频制作的重要步骤。以下是一些时间管理和任务分配的技巧。

设定明确的目标: 在开始视频制作之前,确立清晰的目标和时间表。视频制作完成的时间,并将其分解为具体的任务和里程碑。

制定任务清单: 制定详细的任务清单,包括视频剪辑、音频处理、特效添加、字幕编辑等各个方面的任务。将任务按优先级和时间顺序排列,以确保能够有条不紊地完成工作。

分配时间预算: 根据任务的复杂程度和工作量,合理分配时间预算。将时间分配给每个任务,并设定适当的截止日期,以确保任务按时完成。

集中精力进行工作: 在工作期间,尽量集中精力进行工作,避免分心和浪费时间。关闭不必要的通知和干扰,保持专注于当前任务。

使用提醒和定时器: 使用提醒和定时器帮助您管理时间。严格执行分配的时间预算,并借助提醒和定时器来分配时间,做好劳逸结合,确保工作效率。

灵活调整计划: 时刻准备好应对意外情况和不可预见的变化。如果任务出现延误或遇到困难,及时调整计划,并重新安排任务的优先级和耗费的时间。

定期评估进展: 定期评估您的进展和工作效率。检查任务清单上的任务是否是按计划进行的,如果有必要,调整时间安排和任务分配,以确保您能够按时完成视频制作。

通过有效的时间管理和任务分配，您可以更加高效地完成视频制作工作，确保视频质量和截止日期得到满足。

6.4 职业发展与展望

6.4.1 剪映行业趋势

剪映作为一款功能强大且容易使用的视频编辑软件，一直在不断发展和变化。以下是一些关于剪映行业发展趋势的特点。

移动编辑平台的兴起：随着智能手机和平板电脑性能的不断提升，移动编辑平台（如剪映）受到越来越多的用户的青睐。这些应用程序提供了便捷的视频编辑工具，使用户能够随时随地进行视频编辑，满足了越来越多人的需求。

云端编辑和协作：云端编辑和协作工具的出现使得团队能够在不同地点和时间协同进行视频编辑工作。这种方式提高了工作效率，同时也使得团队成员之间的沟通和合作更加便捷。

人工智能技术的应用：人工智能技术在视频编辑领域的应用越来越广泛，例如智能剪辑、智能音频处理和智能字幕生成等。这些技术可以帮助用户更快速、更智能地完成视频编辑任务，提高工作效率。

多平台输出和社交媒体分享：用户希望能够将完成编辑的视频发布到不同的平台上，因此越来越多的视频编辑软件提供了多平台输出的功能，使用户可以轻松地将视频分享到社交媒体平台上，与他人进行交流和互动。

实时流媒体和直播编辑：随着实时流媒体和直播的流行，越来越多的视频编辑软件提供了直播编辑和实时流媒体功能。用户可以在直播过程中进行实时编辑和剪辑，提高直播的质量和吸引力。

个性化和交互式体验：用户希望能够通过视频编辑软件实现个性化和交互式的视频体验，因此越来越多的软件提供了丰富多样的特效、滤镜和动画效果，使用户能够创造出独具个性的视频作品。

以上是一些在剪映行业中可能存在的趋势，这些趋势反映了用户需求和技术发展的最新动向，同时也为视频编辑行业带来了新的机遇和挑战。

6.4.2 职业规划与进阶建议

对于剪辑行业的从业者来说，制定一个明确的个人职业规划可以帮助他们在职业生涯中实现更好的发展。接下来，我们将探讨剪辑行业的个人职业规划，并提供一些建议和指导。

深入了解剪映和视频编辑行业：学习和了解剪映软件的各种功能和技巧，并且持续关注视频编辑行业。

建立自己的作品集：利用剪映软件制作出一系列优质的视频作品，并将其整理成作品集展示出来。

继续学习和提升技能：参加相关的培训课程、工作坊和线上教程，不断学习和提升自己的编辑技能和知识水平。您可以学习更高级的剪辑技术、音频处理技巧、特效制作等内容，以及相关的行业知识和工作流程。

寻求实践机会和项目合作：积极寻求实践机会，参与各种视频项目或与其他创作者合作。通过实践和合作，积累更多的经验并拓展人脉，提升自己的编辑能力和职业素养。

建立个人品牌和社交网络：建立个人品牌，提升自己在视频编辑领域的知名度和影响力。您可以在社交媒体平台上分享自己的视频作品和编辑经验，与其他创作者或行业专家互动交流，拓展人脉并建立信任及其合作关系。

第三部分
制作篇

第七章 创意影片制作

7.1 艺术方向与设计

7.1.1 视觉美学与创意方向

通过剪映实现视觉美学和创意作品展现，可以通过以下一些方法。

色彩搭配与调整：利用剪映中的调色工具，调整视频的色彩和对比度，以突出视频的主题和情感氛围。您可以尝试不同的色彩搭配和调色效果，创造出独特的视觉风格。

滤镜与视觉效果：添加滤镜和视觉效果，以增强视频的视觉吸引力和艺术感。剪映中提供了各种滤镜和效果，例如模糊、对比度调整、光影效果等，您可以根据视频内容和创意需求选择合适的效果进行应用。

剪辑手法与节奏感：利用剪辑手法和节奏感，打造动感十足或富有节奏感的视频作品。您可以尝试快速剪辑、画面切换、分屏等手法，使视频更加生动有趣。

字幕和文本设计：使用剪映中的字幕和文本设计工具，添加富有创意的文字效果和动画效果。您可以调整字体、颜色、大小和动画效果，使字幕和文本更加吸引眼球，增强视觉冲击力。

图形和动画应用：利用剪映中的图形和动画效果，为视频添加丰富多彩的图形元素和动画效果。您可以添加形状、图标、箭头等图形元素，并应用动画效果，使视频更加生动和有趣。

特效和转场效果： 使用特效和转场效果，以增强视频的视觉效果和表现力。剪映提供了各种特效和转场效果，例如闪光、模糊、旋转等，您可以根据视频内容和创意需求选择合适的效果进行应用。

音乐和声音设计： 结合音乐和声音设计，打造出富有感染力和情感表达力的视频作品。选择合适的背景音乐和音效，使其与视频内容和节奏相呼应，增强视听体验。

通过以上方法，您可以在剪映中实现视觉美学和创意的作品，创造出独具个性和吸引力的视频。

7.1.2 制作独特的影片设计

要在剪映中制作独特的影片设计，可以尝试以下一些创意和技巧。

独特的剪辑风格： 发挥个人创意，尝试不同的剪辑手法和风格，如快速剪辑、跳切、分屏等，以打造独特的影片风格和节奏感。

创意的转场效果： 利用剪映提供的丰富转场效果，尝试不同的过渡方式，如淡入淡出、闪光、模糊等，以实现视觉上的流畅过渡和独特效果。

个性化的文本和字幕： 设计个性化的文字和字幕效果，调整字体、颜色、大小和动画效果，以突出影片中的关键信息和视觉重点。

特效和滤镜应用： 利用剪映提供的特效和滤镜，尝试不同的视觉效果和处理方式，如模糊、光影、颜色调整等，以增强影片的视觉吸引力和艺术感。

音乐和声音设计： 挑选适合影片主题和情感的背景音乐和音效，调整音乐节奏和音效效果，以增强影片的氛围感和情感表达力。

创新的图形和动画：利用剪映提供的图形和动画效果，设计创新和独特的图形元素和动画效果，以增加影片的视觉冲击力和创意性。

故事性和情感表达：注重影片的故事性和情感表达，通过精心设计的剪辑和视觉效果，将观众带入影片的情感世界，触动观众的心灵。

与音乐的配合：根据音乐的节奏和情感，精准地剪辑和设计影片内容，使影片与音乐相辅相成，呈现出独特的视听体验。

通过结合以上技巧和创意，您可以在剪映中制作出独特的影片效果，展现个人风格和创意，吸引观众的注意力，产生良好的效果。

案例

打开剪映，点击"在素材库"，选择白色素材。点击右下角的"添加"按钮。点击"文本—新建文本"，输入文字"剪映欢迎您"，字体颜色选择黑色，可以选择自己喜欢的字体。点击完成。

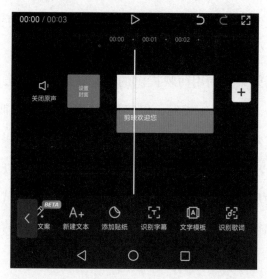

图 7-1-2-1

再次点击"新建文本"，在输入法中找到"笑脸"，插入到文本中，点击完成。调整文字和笑脸的大小及位置。如图 7-1-2-2。选中笑脸轨道，在下方工具栏找到动画，并选择故障闪动，频率滑动条选择 3 秒的频率，点击完成。如图 7-1-2-3。

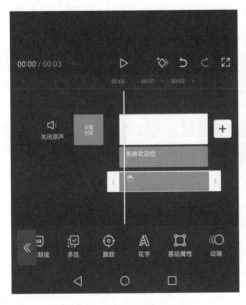

图 7-1-2-2

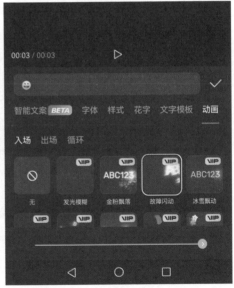

图 7-1-2-3

7.2 摄影技巧与拍摄

7.2.1 摄影基础与构图原理

摄影基础和构图原理是摄影师需要掌握的重要知识，它们对于创作出优秀的摄影作品至关重要。以下是摄影基础和构图原理的一些要点。

曝光三要素：曝光是指相机中的光线通过光圈、快门和 ISO 三个要素控制进入相机的量。光圈控制着光线的数量，快门控制光线进入的时间，ISO 控制感光度。

构图原理：三分法，画面分为九等份，将主题放置在这九个等分的交叉点上，更能吸引观众的注意力。对称与不对称：对称构图简洁而稳定，不对称构图则更具有活力和张力。前景与背景：通过合理地利用前景和背景来增加画面的层次感和深度。主体突出：通过调整焦距、光圈大小和焦点位置等，使主体在画面中更加突出。

光影与色彩：光影是摄影中至关重要的元素，它能够营造出不同的氛围和情感。合理利用光线的方向、强度和质感，可以增强照片的表现力。色彩也是摄影中的重要因素，不同的色彩能够传递不同的情感和意义。了解色彩的搭配和运用，可以帮助摄影师创作出更具艺术感和表现力的作品。

景深：景深是指摄影中清晰范围的深度，可以通过调整光圈大小和焦距来控制。浅景深能够突出主体，背景虚化，而深景深则能够将整个画面清晰呈现。

角度与视角：改变拍摄的角度和视角，可以带来不同的画面效果。例如，低角度拍摄能够使主体看起来更加庄重和强大，而高角度则能够营造出轻松和活泼的氛围。

故事性和情感表达：一幅优秀的摄影作品，不仅要画面美观，还要具有故事性，能够传达摄影师的情感和观点。通过合理构图和光影处理，将故事性和情感表达融入照片中，使其更具有吸引力和感染力。

掌握了摄影基础知识和构图原理，摄影师能够更好地把握画面，创作出更具有艺术性和表现力的作品。

7.2.2 制作高质量的视频素材

制作高质量的视频素材需要考虑多个方面，包括摄影、剪辑、音效等。以下是一些制作高质量视频素材的关键步骤和技巧。

策划和准备：在开始拍摄之前，确保有清晰的拍摄计划和故事板，包括场景、角色、拍摄地点、拍摄时间、所需设备等。准备好所需的摄影设备，包括摄像机、镜头、三脚架、灯光等，以确保拍摄的质量。

拍摄技巧：确保拍摄时光线充足、稳定，并且符合所需的画面效果。可以利用自然光或人工灯光来增强画面效果。注重摄影的构图和角度选择，尽量保持画面稳定和清晰，避免摄影机晃动。

音效录制：如果视频需要音效，可以使用专业的录音设备来录制清晰、高质量的音频素材。确保录音环境安静，避免噪音干扰。

剪辑和后期制作：使用专业的视频编辑软件进行剪辑和后期制作，如剪映、Adobe Premiere 等。精心选择素材、调整颜色和光影效果，以确保视频画面的质量和一致性。添加合适的转场效果、音乐和音效，以增强视频的吸引力和表现力。确保音乐和音效与视频内容相匹配，不过度突兀。

导出和分享：在导出视频时选择合适的视频格式和分辨率，以确保视频的播放效果和质量。根据视频发布的平台要求，选择合适的导出设置。

在分享视频素材时，确保选择合适的平台和渠道，将视频的曝光率和影响力最大化。

反馈和改进：在制作过程中，及时收集观众的反馈和意见，以便及时调整和改进视频素材。不断学习和提升自己的技能，以创作出更高质量的视频素材。

通过以上步骤和技巧，您可以制作出高质量、专业水准的视频素材，满足不同用途的需求，并吸引观众的关注和欣赏。

剪映　　　　　　　　　　　　　Premiere

案例：制作可以滚动的诗词

打开剪映，点击"开始创作"，选择视频素材。点击工具栏"文本—新建文本"，输入文字《蝶恋花·暮春别李公择》古诗，可以选择自己喜欢的字体。点击"样式"选择"竖排文字"，调整"缩放、字间距、行间距"点击"√"完成。

拉动文字长度和视频长度相等。选中文字，复制 2—3 次。拉动播放头到第一条文字段轨道的首帧，点击"关键帧"，创建关键帧。如图 7-2-2-3。拉动播放头到第一条文字段轨道的末尾，移动文字内容到最后，点击"关键帧"，创建关键帧。如图 7-2-2-4。

图 7-2-2-1

图 7-2-2-2

点击文字，在工具栏点击"复制"，复制得到两段文字。

分别对两段文字进行关键帧创建。

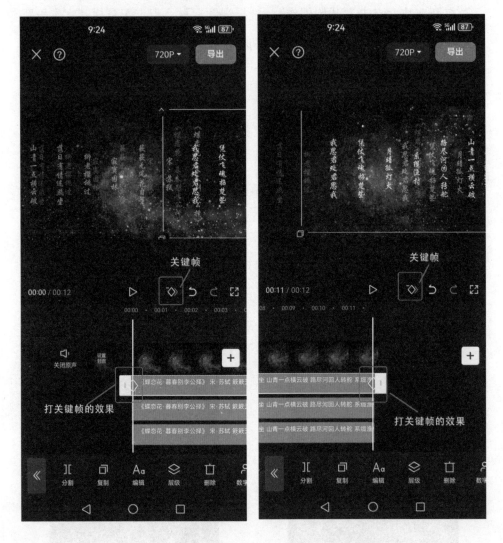

图 7-2-2-3 　　　　　　　　　　　图 7-2-2-4

复制的第二段文字，在文字"样式"中调整字号为 14 和透明度 51%。

复制的第三段文字，在文字"样式"中调整字号为 12 和透明度 27%。

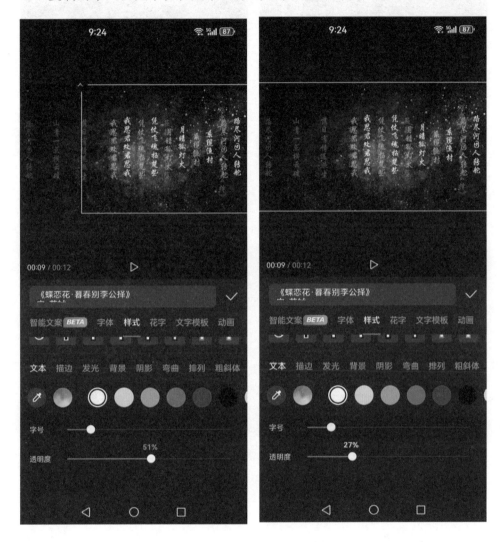

图 7-2-2-5   图 7-2-2-6

编辑完成的效果，如图 7-2-2-7。预览的效果，如图 7-2-2-8。

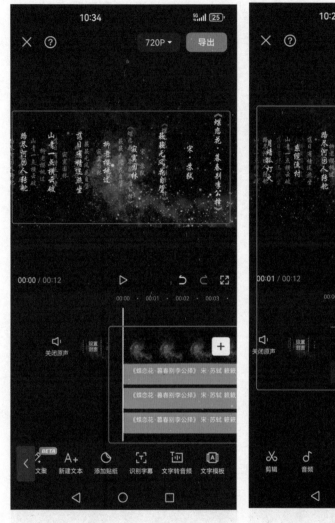

图 7-2-2-7　　　　　　　　　　图 7-2-2-8

7.3 视频后期制作

7.3.1 合成与后期特效

合成与后期特效是制作高质量视频素材中的重要环节，可以通过合成和添加特效来增强视频的视觉效果和吸引力。以下是一些常见的合成和后期特效技巧。

绿屏/蓝屏合成： 使用绿屏或蓝屏技术，将拍摄的人物或物体与虚拟背景合成在一起。在后期编辑软件中，可以将绿/蓝色背景替换为所需的背景图像或视频。

特效添加： 添加各种特效，如火焰、爆炸、雨水、烟雾等，以增强视频的视觉效果。这些特效可以通过特效库或后期制作软件中的插件来实现。

3D合成： 用三维建模和渲染软件，将虚拟三维对象合成到视频中，从而增加立体感和逼真度。这种技术常用于电影和动画片的制作中。

色彩校正和调整： 对视频进行色彩校正和调整，调整色调、对比度、饱和度等参数，以改善视频的色彩效果和整体画面质量。

光效和光线处理： 添加光效和光线处理，如光晕、泛光、镜面反射等，增强画面的光影效果和立体感。

运动图形和动画： 添加运动图形和动画效果，如文字动画、图标动画、转场动画等，使视频更加生动和有趣。

模糊和淡化效果： 使用模糊和淡化效果，调整视频的焦点和景深，使画面更具有层次感和视觉吸引力。

时间扭曲和变速： 使用时间扭曲和变速效果，调整视频的播放速度和节奏，增强视频的戏剧性和表现力。

以上是一些常见的合成与后期特效技巧，可以通过这些技巧增强视频的视觉效果和吸引力，使其更具有创意和表现力。

7.3.2 高级后期处理技巧

高级后期处理技巧可以提升视频的视觉效果、吸引力和专业水准。以下是一些高级后期处理技巧。

色彩分级和调整： 使用色彩分级软件（如 DaVinci Resolve）进行高级的色彩校正和调整，调整每个色调的曲线和饱和度，以实现更精细的色彩控制和画面调整。

虚拟摄影： 使用虚拟摄影技术，通过后期处理软件模拟不同的摄影镜头和拍摄场景，以达到更具艺术性和创意性的效果。

精细的特效添加： 添加精细的特效，如粒子效果、动态模糊、运动跟踪等，以增强视频的视觉效果和吸引力。

图像修复和重建： 使用图像修复和重建技术，修复视频中的缺陷和瑕疵，重建缺失的画面或细节，使画面更加完美和清晰。

视觉特效和动画： 添加高级的视觉特效和动画效果，如光线效果、火焰效果、爆炸效果等，以增强视频的戏剧性和视觉吸引力。

三维合成和动画： 利用三维建模和渲染软件，将虚拟三维对象合成到视频中，添加逼真的三维动画效果，使视频更具立体感和视觉冲击力。

音频处理和混音： 进行高级的音频处理和混音，调整音频的音调、音量和音效效果，使音频更加清晰、动态和生动。

创新的剪辑手法： 尝试创新的剪辑手法，如非线性剪辑、实时剪辑等，使视频更具有张力和流畅感。

多重曝光和叠加：使用多重曝光和叠加技术，将不同的画面叠加在一起，创造出丰富多彩的画面效果和层次感。

光影效果和动态调整：进行高级的光影效果和动态调整，调整光线和阴影的强度、方向和颜色，使画面更加生动和立体。

通过运用这些高级后期处理技巧，您可以提升视频的质量和创意水平，创作出更具有吸引力和表现力的视频作品。

案例：镂空的文字效果

打开剪映，点击"开始创作"，导入黑色的背景的视频素材，大概 6 秒，点击工具栏"文本—新建文本"，输入文字"宇宙·旅行"，字体选中"憨憨简"，字的颜色为白色，如图 7-3-2-1、图 7-3-2-2。

图 7-3-2-1   图 7-3-2-2

拉动文字长度和视频长度相等。选中文字，复制 2—3 次。拉动播放头到第一条文字段轨道的首帧，点击"关键帧"，创建关键帧。拉动播放头到 2 秒、4 秒、6 秒点，分别点击"关键帧"，创建关键帧，在 2 秒、4 秒点放大两个字号，在 6 秒时把中间的小白点放大到全屏，导出视频备用。

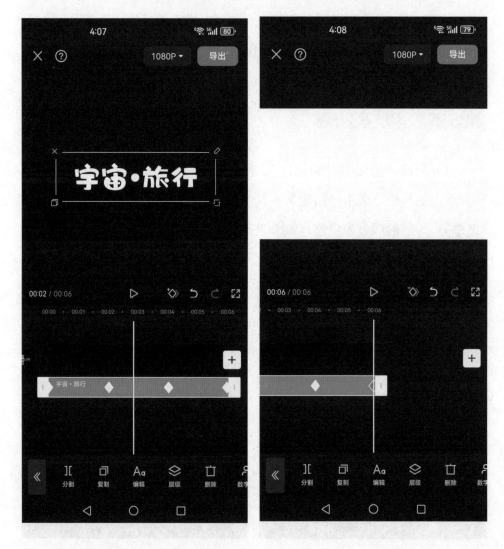

图 7-3-2-3   图 7-3-2-4

再次打开剪映，点击"开始创作"，导入视频素材，大概 6 秒，点击工具栏"画中画—新增画中画"，如图 7-3-2-5、图 7-3-2-6。

图 7-3-2-5

图 7-3-2-6

导入"宇宙·旅行"视频素材，调整"宇宙·旅行"素材大小。

点击工具栏"混合模式—正片叠底"，点击"√"，完成视频，如图
7-3-2-7、图7-3-2-8。

图 7-3-2-7

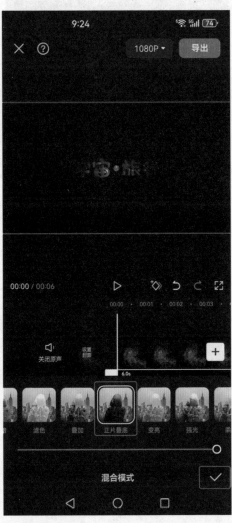

图 7-3-2-8

7.4 制作视觉效果短片

制作短片的关键步骤与制作长片大致相同，但在时间和资源上可能会有所不同。以下是制作短片的关键步骤。

概念和故事构思：确定短片的主题和故事情节，构思一个简洁、有趣、具有张力的故事梗概。由于短片的时间较短，需要确保故事情节简明扼要、能够在有限时间内得到充分展开。

剧本创作：根据故事梗概编写剧本，包括场景描述、对话台词等。短片剧本通常比较简短，但要突出核心情节和主题。

预算和筹资：制定适当的预算，考虑到短片所需的各种成本，包括拍摄、后期制作、配乐等。然后寻找适当的筹资途径，如自筹资金、赞助、众筹等。

团队招募：确定所需的制作团队，包括导演、摄影师、演员、剪辑师、音效师等，并开始招募合适的人员。

拍摄计划：制定详细的拍摄计划，包括拍摄地点、拍摄时间、角色安排、设备准备等。由于短片时间有限，需要高效利用拍摄时间。

拍摄阶段：根据拍摄计划进行实际拍摄工作，确保按照预定的时间表和预算完成拍摄任务。在拍摄过程中，需要确保画面质量和表现力，以及演员表演的真实感和情感表达。

后期制作：拍摄完成后，进行后期制作工作，包括剪辑、配乐、音效设计、色彩校正等，以完成最终的短片制作。在后期制作过程中，需要保持对故事节奏和情感表达的把握，使短片更具有吸引力和感染力。

宣传和发布：在短片制作完成后，进行宣传和推广工作，选择适当的发布渠道，如影院、电视、网络平台等，以最大化短片的曝光率并吸引更多观众群体。

参赛和展映（可选）： 如果有机会，可以将短片提交电影节、展映活动或竞赛，以展示自己的作品并获得更多的曝光和认可。

反馈和改进： 在短片制作完成后，收集观众的反馈和意见，进行反思和总结，以便在将来的项目中提高制作质量和效率。这些步骤可以作为制作短片的基本指南，但具体步骤和流程可能会根据项目的特点和需求而有所不同。

案例：通过画中画制作月亮效果视频

打开剪映，导入夜景素材。拖动素材调整素材持续时长。

选择"画中画—新增画中画"。导入月亮素材。

选中月亮素材，拖动素材与主轨素材对齐，然后点击下方分割工具，删除多余素材。如图 7-4-1-1。

选中月亮素材，在预览界面放大视频，拖动挪到想要突出的位置。选中月亮素材，点击工具中"抠像"，抠出主要的素材区域，点击"√"，如图 7-4-1-2。

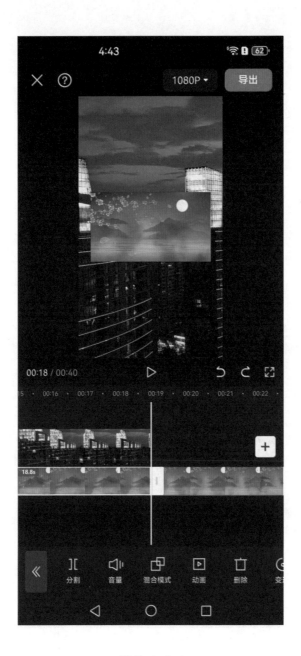

图 7-4-1-1

图 7-4-1-2

第八章 社交媒体视频制作

8.1 了解社交媒体平台

8.1.1 短视频各大平台特点与要求

随着网络的普及和技术的不断进步，短视频行业蓬勃发展，很多短视频平台脱颖而出。它们凭借各自的优势和特点，在短视频市场中占据了一席之地。接下来，我们将简要介绍这些平台的特点和要求，为大家选择合适的平台提供帮助。

抖音

特点： 抖音是以短视频为主要形式的社交媒体应用，用户群主要是年轻人。

要求： 视频内容要求生活化、趣味化、创意独特，不得传播低俗、暴力等不良信息，不得侵犯他人权益。

快手

特点： 快手是以短视频为主要形式的社交媒体应用，用户群主要是年轻人。

要求： 视频内容要求真实性、有趣、有价值，不得传播低俗、暴力、色情等不良信息，不得侵犯他人权益。

西瓜视频

特点： 西瓜视频是字节跳动旗下的短视频应用，用户群体广泛，内容形式丰富，包括搞笑、美食、美妆、生活等。

要求： 视频内容要求多样化、有趣、有创意，不得传播违法违规、低俗色情等不良信息，不得侵犯他人权益。

微视

特点： 微视是腾讯旗下的短视频应用，用户群体广泛，内容涵盖生活、美食、美妆、搞笑等各个方面。

要求： 视频内容要求真实、有趣、有创意，不得传播低俗、暴力、色情等不良信息，不得侵犯他人权益。

B 站（哔哩哔哩）

特点： B 站是一个以动漫、游戏、影视为主题的弹幕视频网站，用户群主要是二次元文化爱好者和游戏玩家。

要求： 视频内容要求原创、有趣、有深度，不得传播侵权、低俗、违法信息，不得侵犯他人权益。

视频号

特点： 位于微信"发现"页的入口与朋友圈紧密相连，构建了独立而便捷的使用体验。主要内容呈现形式为短视频，同时也支持图片发布，让内容更加多样化。任何人都能轻松创建自己的视频号，展现个性与创意。与公众号相比，视频号每日发布视频或图片的数量没有限制，让创作者拥有更大的表达空间。视频号的内容发布不依赖于 PC 端，在移动端即可完成操作。用户可以像关注公众号一样，关注自己喜欢的视频号，就可以看到最新内容。视频内容默认按照更新时间排序，让用户更便捷地获取最新的内容。对于新用户，视频内容的推荐不仅仅依赖关注和社交，还有算法推送。视频号的内容可以分享到朋友圈、群组，甚至发送给好友。公众号和视频号相互独立，但内容可以有一定程度的互通。

要求：真实的生活分享、趣味性的内容分享、真实的态度分享、情感共鸣分享、干货技巧类分享、创始人成长分享。

以上是中国主要短视频平台的特点和要求，制作短视频时需要根据不同平台的特点和要求进行内容创作，以吸引目标受众的关注和喜爱。

8.1.2 制作符合平台标准的视频

制作符合中国短视频平台标准的视频，需要考虑以下几个方面。

内容合规：确保视频内容符合中国法律法规和平台规定，不得包含政治敏感、暴力血腥、色情低俗、违法犯罪等不良内容。

内容创意：创作具有吸引力和创意性的内容，以吸引用户观看和分享。可以结合时事热点、搞笑段子、生活趣事等，制作有趣的短视频。

视频制作：采用专业的拍摄设备和后期制作工具，确保视频画面清晰、色彩鲜艳、音质清晰。注意拍摄角度、光线、音效等因素，提升视频质量。

内容时长：根据不同平台的要求，控制视频时长在几十秒到几分钟之间，适合用户快速浏览和分享。

内容互动：增加视频的互动性，引导用户参与评论、点赞、分享等，提升视频的曝光度和传播效果。

社交属性：充分利用短视频平台的社交属性，与用户进行互动交流，增加粉丝活跃度，提升视频在平台上的曝光度和影响力。

适应平台特点：针对不同的短视频平台，制作符合其特点和受众喜好的视频内容。比如在抖音上制作有趣、生活化的短视频，而在快手上制作地域化、情感化的短视频。

遵守规范： 遵守各个短视频平台的规范和审核标准，确保视频内容符合平台要求，避免因违规而被删除或封禁。

通过以上步骤和注意事项，可以制作出符合中国短视频平台标准的视频内容，吸引用户关注和分享，提升视频在平台上的曝光度和影响力。

8.2 制作引人注目的短视频

8.2.1 短视频创意与趋势

短视频的创意和趋势在不断发展和变化，以下是制作短视频一些常见的创意和趋势。

生活化内容：创作与日常生活相关的内容，如日常趣事、生活技巧、日常工作等，吸引用户的共鸣和关注。

搞笑段子：创作有趣幽默的短视频，以搞笑、轻松的方式吸引用户，提升视频的分享和传播效果。

情感共鸣：利用情感元素，创作温馨、感人的短视频，触动用户的情感共鸣，增加视频的互动和分享。

挑战类视频：制作与挑战相关的短视频，如舞蹈挑战、对口型挑战、手势挑战等，激发用户的参与欲望，增加用户的互动性和黏性。

美食和美妆：制作与美食和美妆相关的短视频，如美食制作、美食探店、美妆教程等，引起用户的关注和兴趣，增加视频的观看量和分享量。

时事热点：反映时事热点和社会热议话题，创作与热点话题相关的短视频，吸引用户关注和参与讨论，增加视频的曝光度和传播效果。

互动性强：增加视频的互动性，如投票、抽奖、问答等，促进用户参与和互动，提升视频的用户黏性和传播效果。

创意拍摄技巧：利用创意的拍摄技巧，如特效、逆向拍摄、延时摄影等，增加视频的创意性和趣味性，吸引用户的关注并赢得用户的欣赏。

品牌营销合作：与品牌进行合作，创作与品牌相关的短视频内容，增加视频的曝光度和推广效果，提升品牌形象和知名度。

以上是当前短视频创意和趋势的一些常见方向，但随着社会环境和用户需求的变化，短视频的创意和趋势也会不断更新和变化，创作者需要不断创新和跟进，以保持竞争力和吸引力。

快速制作高质量短视频

要快速制作高质量的短视频，以下是一些建议和技巧。

明确目标和主题：在制作之前，确保明确视频的目标和主题，这有助于节省时间并确保视频的一致性和连贯性。

精简剧本和拍摄计划：编写简洁明了的剧本和拍摄计划，将重点放在关键情节和视觉效果上，避免过多无关紧要的内容。

优化拍摄设备：使用高质量的摄像设备，如智能手机或专业摄像机，并充分了解其功能和设置，以确保视频画面清晰、稳定。

注意光线和音频：在拍摄过程中，确保良好的光线和清晰的音频，这对于制作高质量的视频至关重要。可以利用自然光和外接麦克风来提升拍摄效果。

精准剪辑和后期处理：使用专业的视频编辑软件，如 Adobe Premiere Pro、Final Cut Pro 等，进行精准的剪辑和后期处理，确保视频流畅、节奏感强。

添加视觉效果和音效：在后期处理中，可以添加一些视觉效果和音效，如转场效果、字幕、背景音乐等，以提升视频的观赏性和吸引力。

关注视频细节：注意视频的细节和整体效果，如画面构图、色彩搭配、字幕设计等，这些都可能影响视频的质量和观感。

测试和优化：制作完成后，进行测试观看，并根据反馈意见进行优化和调整，确保视频质量达到预期。

合理时间规划：在制作过程中，合理安排时间，确保每个环节都有充足的时间来完成，避免仓促和草率的制作。

8.3 社交媒体营销与推广

8.3.1 制作具有分享价值的内容

要制作具有分享价值的内容，需要注意以下几点。

独特性和创意性：独特性是内容被分享的关键因素之一。创作独特、新颖、富有创意的内容，吸引用户的注意力并引起他们的兴趣。

有趣性和娱乐性：确保内容有趣、有娱乐性，能够让用户感到愉悦和享受，增加他们的分享意愿。可以运用幽默、搞笑、趣味等元素来增强内容的吸引力。

情感共鸣：可以通过讲述真实故事、感人情感或展现正能量来触动用户的情感，让他们产生共鸣和共同体验，增加分享的可能性。

实用价值和信息价值：提供具有实用性和有价值性的内容，能够解决用户的问题或提供有用的信息。用户在分享内容时通常会考虑到其对他人的价值和帮助。

引发讨论和争议：制作引发讨论和争议的内容，激发用户的好奇心，引起他们的关注和参与。但要注意不要涉及敏感话题或违反社交媒体平台的规定。

美学和视觉吸引力：注重内容的美学和视觉效果，制作精美、高质量的视频内容，增加用户的观赏欲望和分享的欲望。

简洁清晰：保持内容简洁清晰，避免过于复杂或难以理解的内容，让用户能够快速理解和消化，并愿意分享给他人。

社交分享元素：在内容中添加社交分享元素，如分享按钮、邀请好友参与等，引导用户进行分享和传播。

与目标受众相关：确保内容与目标受众的兴趣和需求相关，符合他们的价值观和生活方式，增加他们愿意分享的可能性。

通过以上方法，您可以制作出具有分享价值的内容，吸引用户的关注和分享，增加内容的曝光度和传播效果。

8.3.2 利用社交媒体推动影片传播

在中国，社交媒体已成为推动影片传播的重要渠道之一。以下是一些利用社交媒体推动影片传播的常见做法。

微博营销：利用微博进行影片的宣传和推广，通过官方账号发布影片预告片、海报、剧照等内容，与影片相关的话题讨论，并与粉丝互动，提升影片的知名度和曝光度。

抖音短视频：制作与影片相关的短视频内容，如影片片段、幕后花絮、角色扮演等，发布到抖音平台上，并利用热门挑战和话题吸引用户关注，提升影片的曝光和传播效果。

微信公众号推广：利用影片的官方微信公众号进行推广，发布影片介绍、幕后故事、演员专访等内容，与粉丝进行互动交流，并通过微信朋友圈分享影片相关信息，扩大影片的影响力。

快手直播营销：利用快手直播平台进行影片的直播宣传活动，邀请影片演员、导演等嘉宾进行互动，与粉丝分享影片幕后花絮、拍摄过程等内容，吸引用户关注和参与。

B 站番剧宣传：在 B 站平台上发布影片相关的番剧宣传视频，如预告片、宣传片、特辑等，与 B 站用户分享影片相关资讯和内容，吸引二次元文化爱好者关注。

社交分享活动：发起影片的社交分享活动，鼓励用户分享影片相关内容到自己的社交媒体账号上，并参与到影片的宣传推广中，通过用户的口碑传播扩大影片的曝光度和传播范围。

KOL（关键意见领袖）合作：与影视明星、网红 KOL 等合作进行影片宣传，邀请他们发布与影片相关的内容和评论，通过其影响力和粉丝基础提升影片的知名度和关注度。

通过以上社交媒体推广方式，可以有效提升影片的曝光度和传播效果，吸引更多的目标关注和参与，提升影片的票房和口碑。

8.4 互动视频与直播制作

制作互动性强的视频可以增加用户的参与度和互动性，以下是一些方法和技巧。

投票互动：在视频中加入投票选项，让观众在观看视频的同时参与投票，例如选择下一个视频的主题、决定视频的结局等。

评论互动：鼓励观众在视频下方评论，提出问题或分享自己的看法，主动回复观众的评论并进行互动交流，增强观众与内容的连接。

引导分享：在视频中设置引导分享的提示，例如在结尾处添加文字或语音引导观众分享视频给朋友，增加视频的传播范围。

角色扮演：创建具有代入感的角色或情节，鼓励观众参与到角色扮演中，可以通过投票、评论等方式让观众参与角色选择和剧情发展。

抽奖活动：在视频中设置抽奖活动，鼓励观众在评论中留下特定关键词或分享视频，作为参与抽奖的条件，增加用户的参与度和互动性。

互动挑战：发起与视频内容相关的挑战活动，鼓励观众参与到挑战中并在评论或社交媒体上分享自己的参与过程，增加视频的曝光和传播效果。

实时直播：利用实时直播平台进行视频直播，与观众进行实时互动交流，回答观众提出的问题，参与互动游戏等，增强观众的参与感和互动性。

互动结局：制作多个结局的视频，让观众在观看过程中通过投票或其他方式决定视频的结局，增加观众的参与度和互动性。

通过以上方法和技巧，可以制作出互动性强的视频，吸引用户的参与和互动，增加视频的曝光和传播效果，提升用户的观看体验和满意度。

案例：通过画中画给村庄前增加一条河流

打开剪映，导入素材。拖动素材调整素材持续时长。

点击工具栏"画中画—新增画中画"，如图8-4-1-1、图8-4-1-2。导入河流素材，如图8-4-1-3。调整河流的素材和主轴素材时常相等。

选中河流素材，点击工具栏中"蒙板—线性"，点击"线性"调整参数，如图8-4-1-4，点击旋转180度，调整村庄和河流的位置，如图8-4-1-5。选中河流素材移动到合适的位置，拖动黄线上方的图标调整羽化效果，或者点击工具栏"羽化"数值来预览效果如图8-4-1-6，调整完成点击"√"。

图8-4-1-1

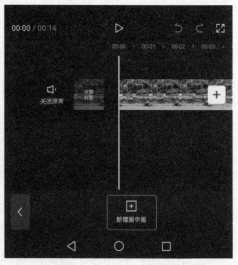

图8-4-1-2

图 8-4-1-3   图 8-4-1-4

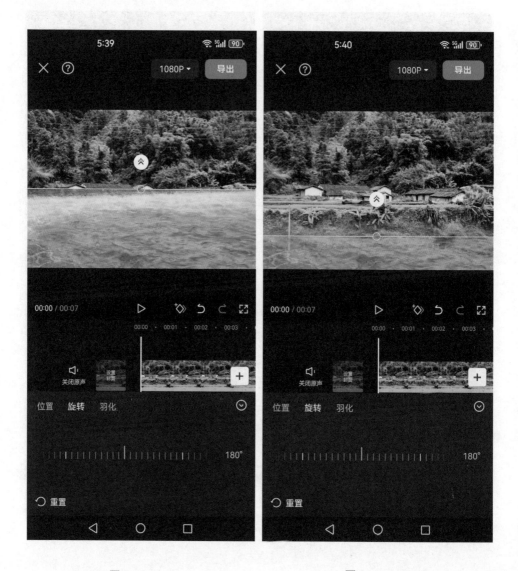

图 8-4-1-5   图 8-4-1-6

第九章 短视频制作实战

9.1 项目规划与计划

9.1.1 视频制作基本步骤

制作短视频的基本步骤通常包括以下几个阶段。

策划与创意阶段： 确定视频的主题和内容，制定创意和故事板，确定视频的风格和表现形式。在这个阶段，可以进行头脑风暴、策划会议等活动，明确视频的核心信息和传达目标。

拍摄准备阶段： 确定拍摄地点、人员和设备需求，准备拍摄器材和道具。制定拍摄计划和时间表，确保拍摄工作顺利进行。

拍摄阶段： 根据拍摄计划进行实际拍摄工作，包括设置镜头、拍摄场景、导演演员表演等。确保拍摄质量和效果符合预期。

后期剪辑阶段： 将拍摄的素材导入到视频编辑软件中，进行剪辑、调色、添加特效和音乐等后期处理工作。根据故事情节和创意设计，对视频进行合理的剪辑和编辑，确保节奏流畅、画面美观。

音频处理阶段： 对视频中的音频进行处理，包括添加背景音乐、音效、配音等，提升视频的声音效果和观赏体验。

字幕和标题设计： 根据视频内容和风格设计合适的字幕和标题，增强视频的可读性和吸引力。确保字幕清晰易读，标题简洁明了，符合视频的整体风格。

最终渲染和导出：完成所有后期处理工作后，对视频进行最终渲染和导出，生成最终的视频文件。选择合适的视频格式和分辨率，确保视频质量和兼容性。

发布和推广：将制作完成的视频发布到目标平台上，如抖音、快手、微博等，进行适当的宣传推广。可以通过配文、标签、分享等方式增加视频的曝光和传播效果。

以上是制作短视频的基本步骤，不同项目可能会有所不同，但通常都会包括以上几个阶段。在每个阶段都需要注重细节和质量，确保最终制作出符合预期的短视频作品。

9.1.2　制片计划与时间表

制片计划和时间表是影视项目成功完成的关键。以下是一个简单的制片计划和时间表的示例。

策划阶段：确定影片概念和主题，编写剧本和故事板，确定预算和资源，确定制片团队成员，策划宣传和推广计划。

预制作阶段：筹备拍摄地点和场景，确定演员和工作人员，筹备拍摄设备和道具，确定拍摄计划和时间表。

拍摄阶段：实际进行拍摄工作，按照拍摄计划安排拍摄进度，处理拍摄中的问题和挑战，收集拍摄素材和资料。

后期制作阶段：剪辑和编辑视频素材，添加音效和配乐，设计字幕和标题，进行色彩校正和特效处理。

完成阶段： 完成最终版本的影片，进行内部评审和修改，完成最终的音频和视觉效果，生成最终的输出文件。

发布和推广阶段： 制作宣传海报和预告片，策划发布和首映活动，发布影片到各大平台，进行线上和线下的宣传推广活动

这只是一个简单的制片计划和时间表示例，实际项目中可能会根据具体情况和需求进行调整和修改。制片计划和时间表的制定需要考虑到各个阶段的工作内容和时间安排，以确保项目能够按时高质量完成。

9.2 拍摄与导演技巧

9.2.1 导演的角色与职责

　　导演在影视项目中扮演着至关重要的角色，他们负责统筹和指导整个影片的制作过程，确保最终呈现出优秀的视听作品。以下是导演的主要角色和职责。

　　创意与视觉规划：导演负责影片的整体创意和视觉规划，包括选择故事主题、制定剧本、确定拍摄风格和镜头语言等，确保影片呈现出统一的艺术风格和视听效果。

　　指导演员表演：导演负责指导演员的表演，包括角色塑造、情感表达、台词演绎等，引导演员理解角色和情节，确保演员的表演与影片的整体风格和主题相符。

　　拍摄指导：导演负责指导拍摄工作，包括布置场景、设置镜头、调度拍摄进度等，确保拍摄过程顺利进行，并达到预期的效果和质量标准。

　　团队协调与管理：导演负责统筹和协调整个制作团队的工作，包括编剧、摄影师、剪辑师、美术指导等，确保各个部门的工作协调配合，顺利完成影片的制作。

　　后期制作指导：导演负责参与影片的后期制作工作，包括剪辑、音效、配乐、特效等，确保后期制作的效果与预期一致，保持影片的统一风格和视听效果。

　　艺术创作指导：导演负责艺术创作方面的指导工作，包括色彩搭配、美术设计、服装造型等，确保影片的视觉效果和艺术品质达到要求。

　　故事叙述与节奏掌控：导演负责掌控影片的故事叙述和节奏，包括情节安排、节奏控制、情感表达等，确保影片引人入胜，并能够触动观众的情感。

宣传推广参与：导演负责参与影片的宣传推广工作，包括发布预告片、参加媒体采访、出席首映礼等，为影片的推广和宣传做出贡献。

总的来说，导演是影片制作中的核心人物之一，他们不仅需要具备丰富的艺术创作能力和专业知识，还需要具备优秀的团队管理和沟通能力，以及对影片制作过程的全面把控能力。导演的工作是影片成功的关键之一。

9.2.2 创造引人入胜的画面

创造引人入胜的画面是导演、摄影师和美术指导等制作团队共同努力的结果。以下是一些方法和技巧，可以帮助大家创造出引人入胜的画面。

精心选取场景和布景：选择具有视觉吸引力和情感共鸣的场景和布景，确保场景能够反映影片的主题和氛围，并能够引发观众的兴趣和想象。

运用视觉元素：充分利用画面中的线条、形状、颜色等视觉元素，营造丰富多彩的画面效果，增强画面的层次感和立体感。

合理构图和镜头语言：采用合理的构图和镜头语言，包括选择适当的镜头角度、镜头运动和镜头组合，使画面更具有张力和动感。

灯光和色彩搭配：利用灯光和色彩搭配，营造独特的画面氛围和情绪，通过灯光的明暗和色彩的对比来引导观众的视线和情感。

运用视觉特效：使用视觉特效和后期处理技术，增强画面的视觉效果和震撼力，使画面更具有视觉冲击力和吸引力。

注重细节和表现力：注重画面中的细节和表现力，包括人物表情、动作、道具设计等，确保画面更具有生动感和表现力。

运用运动和节奏：利用画面的运动和节奏感，增强画面的动态效果和节奏感，使观众更容易沉浸其中并产生共鸣。

注重情感表达：通过画面的情感表达和情节安排，引发观众的情感共鸣，使观众更容易被故事吸引和打动。

以上是一些创造引人入胜画面的方法和技巧，影片制作团队可以根据具体情况和需求进行灵活运用，创造出令人印象深刻的画面效果。

9.3 后期制作与编辑

9.3.1 剪辑流程与决策

后期制作剪辑流程是影片制作过程中至关重要的一环，它涉及拍摄素材的整合、剪辑、调色、特效等工作，以及对影片故事情节和节奏的控制。以下是一般的后期制作剪辑流程及相关决策。

素材整理与筛选：导入拍摄的素材，对素材进行整理和筛选，删除无用镜头和杂乱素材，选取符合剧情需要的素材进行后续处理。

故事结构分析：分析影片的整体故事结构，确定影片的主线和分支情节，以及每个场景和镜头在故事中的作用和地位。

剪辑决策：根据故事结构和剧情需要，做出合理的剪辑决策，包括镜头的顺序安排、镜头的长度、转场效果的选择等，确保影片的节奏及其连贯性。

音频处理：对影片的音频进行处理，包括音频剪辑、音效的添加、配乐的选择等，增强影片的音频效果和氛围感。

色彩调色：进行影片的色彩调色工作，调整色彩和色调，增强画面的视觉效果和氛围感，使影片更加生动和具有表现力。

特效和视觉效果：添加必要的特效和视觉效果，包括动画效果、特殊效果、字幕等，增强影片的视觉冲击力和吸引力。

渲染和导出：对影片进行最终的渲染和导出，生成最终的输出文件，包括不同格式和分辨率的输出，以满足不同平台和设备的需求。

审核和修订：进行内部审核和修订，对影片进行细致的检查和调整，确保影片达到预期的效果和质量标准。

最终定稿：完成最终版本的影片定稿，确定影片的最终版本和发布计划，准备发布和宣传推广。

在整个后期制作剪辑流程中，需要密切协作的团队成员包括导演、剪辑师、音效师、调色师等，他们共同努力，确保影片的质量和效果达到预期。同时，要根据影片的需求和创意，做出合理的决策，确保影片能够吸引观众并达到预期的效果。

9.3.2 音效设计与混音

后期制作的音效设计和混音是影片制作过程中至关重要的部分，它们能够增强影片的视听效果，提升观众的观影体验。以下是后期制作音效设计与混音的主要步骤和技巧。

音效采集与选择：收集和选择适合影片的音效素材，包括环境音、特效音、人声音等，确保音效素材的质量和适用性。

音效剪辑与编辑：对音效素材进行剪辑和编辑，根据影片的需要进行合成、调整和修饰，确保音效与画面的匹配度和协调性。

环境音效设计：设计合适的环境音效，营造影片中的氛围和情绪，增强观众的沉浸感和代入感。

特效音效添加：添加特效音效，如爆炸声、枪声、汽车引擎声等，增强影片的视听冲击力和动感。

人声音效处理：对人声音效进行处理，包括配音、音频清洗、音量调整等，确保人声音效清晰、自然。

配乐选择与混音：选择合适的配乐，根据影片的情节和氛围进行配乐混音，确保音乐与影片的节奏和情感契合。

音频混合：对音效和配乐进行混合，调整音频的音量、平衡、空间定位等，确保音频混合效果自然流畅，不影响听感。

音频效果处理：添加音频效果处理，如回声、合唱、延迟等，增强音频的立体感和空间感，提升观影体验。

最终审核和调整：对混音后的音频进行最终审核和调整，确保音频质量和效果达到预期标准，符合影片的整体风格和要求。

在进行音效设计和混音时，需要考虑到影片的整体情节和氛围，保持与影片视觉效果的协调和一致性。通过合理的音效设计和混音处理，能够为影片增添更多的情感色彩和动态效果，提升观众的观影体验。

案例：制作主体穿越文字效果

打开剪映，从素材库导入黑底素材，接下来点击"文本—新建文本"，输入"飞向未来"，如图 9-3-2-1，导出文字素材视频备用。

点击"开始创作"，导入拍摄好的视频素材，放大素材扩满屏幕。点击工具栏"画中画"图标，导入之前的文字素材视频，混合模式选择"滤色"，这时文字就在海鸥的前面，如 9-3-2-2 所示。

选中主视频轨道，点击"复制"，选择"智能抠像"，抠出海鸥，与主视频长度对齐，这样抠出的海鸥显示在文字前面，主体穿越文字效果完成。

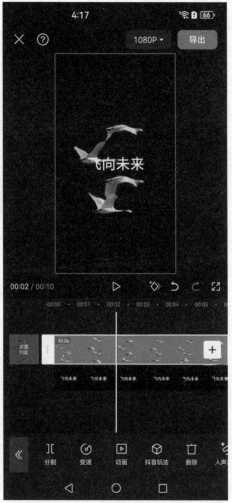

图 9-3-2-1

图 9-3-2-2

9.4 短视频发布与推广

短视频发布策略是确保视频能够吸引更多目标观众，提升曝光率和传播效果的关键。以下是一些常见的短视频发布策略。

选择合适的平台：根据目标观众的特征和喜好，选择合适的短视频平台，如抖音、快手、微博、西瓜视频等。

确定发布时间：根据平台的用户活跃时间和观众特征，选择最佳的发布时间段，通常在用户上班前、午休时间、下班后等高峰期发布效果较好。

制作吸引人的封面和标题：制作具有吸引力的视频封面和标题，吸引用户点击观看，可以使用精美的图片、明确的标题等。

优化视频描述：在视频描述中简要介绍视频内容和亮点，吸引用户点击观看，并添加合适的标签和话题，提高视频曝光率。

互动和评论回复：积极与观众互动，回复观众的评论和留言，增强用户粘性和参与感，提升视频的互动效果。

发布计划和频率：制定合理的发布计划和频率，保持视频的持续更新和活跃度，增加用户关注度和粉丝数量。

跨平台推广：在多个社交媒体平台进行跨平台推广，扩大视频的曝光范围和观众群体，提升传播效果。

利用数据分析优化策略：根据平台数据分析和用户反馈，不断优化发布策略和视频内容，提升用户体验和观看率。

合作推广和联合营销：与其他优质内容创作者或品牌合作推广，进行联合营销和互推，扩大视频的影响力和传播范围。

通过以上发布策略的合理运用，可以提高短视频的曝光率和传播效果，吸引更多目标观众的关注和参与，增强视频的影响力和传播效果。

案例：小猫的镜像

打开剪映，导入小猫素材，选中素材，找到工具栏中"复制"，如图9-4-1-1，选中复制的视频素材点击工具栏"切换画中画"，如图9-4-1-2。

选中复制的视频素材点击工具栏"编辑—镜像"，如图9-4-1-3，调整两只小猫的位置。

选中复制的视频素材点击工具栏"蒙板"，如图9-4-1-4。在"蒙板"点击"线性"参数中，如图9-4-1-5。找到"旋转"调整为90度，如图9-4-1-6。点击"√"保存，视频就完成了。播放一下看看效果吧。

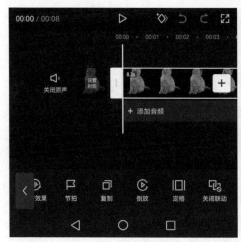

图9-4-1-1

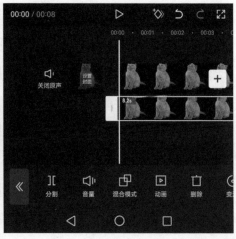

图9-4-1-2

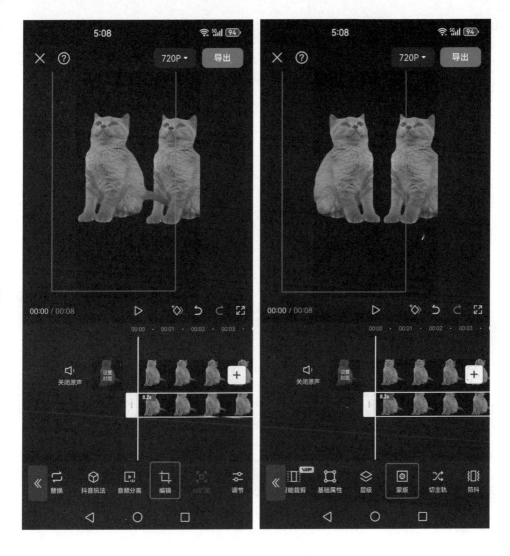

图 9-4-1-3   图 9-4-1-4

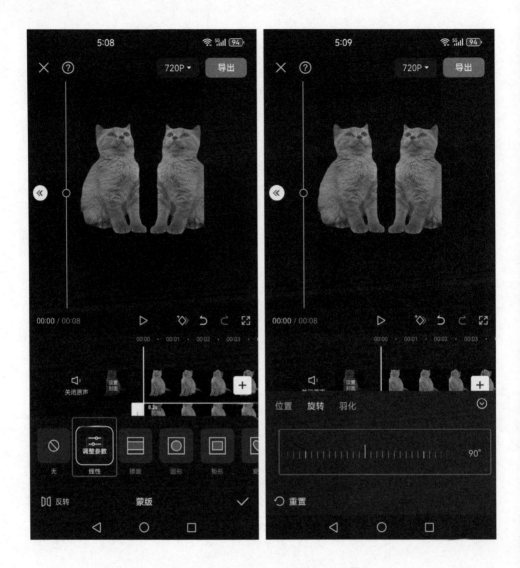

图 9-4-1-5   图 9-4-1-6

第四部分
发展篇

第十章 高级剪辑技术

10.1 项目管理

10.1.1 团队协作与沟通

在大规模项目中，团队协作和沟通是至关重要的，以下是一些有效的团队协作与沟通方法。

明确目标和角色： 明确项目的整体目标和各团队成员的角色和责任，确保每个人都清楚自己的任务和目标。

建立有效的沟通渠道： 建立多样化和高效的沟通渠道，包括会议、电子邮件、即时通讯工具、项目管理平台等，确保团队成员之间可以随时随地进行沟通和交流。

定期团队会议： 定期召开团队会议，讨论项目进展、问题和解决方案，促进团队成员之间的沟通和合作。

制定明确的工作计划和时间表： 制定详细的工作计划和时间表，明确任务分配和完成时间，确保团队成员都知道自己的工作内容和截止时间。

及时反馈和沟通： 及时反馈工作进展和问题，保持团队成员之间的沟通畅通，及时解决问题和调整工作计划。

鼓励合作和分享： 鼓励团队成员之间的合作和分享，促进知识和经验的交流，提升团队整体的工作效率和质量。

建立信任和团队精神：建立良好的工作氛围和团队精神，增强团队成员之间的信任和凝聚力，共同面对挑战和困难。

定期评估和调整：定期评估团队的工作表现和项目进展，及时调整工作计划和策略，确保项目顺利进行和达成预期目标。

通过以上方法的有效运用，可以提升团队的协作效率和沟通效果，确保大规模项目的顺利进行和成功完成。

10.1.2 大型项目的时间管理

大型项目的时间管理是确保项目按时完成的关键。以下是一些在大型项目中进行时间管理的关键步骤和方法。

制定详细的项目计划：制定详细的项目计划，包括项目的里程碑、关键任务、工作分解结构（WBS）、资源分配等，确保每个阶段和任务都清晰可见。

设定合理的时间表和截止日期：根据项目的复杂程度和资源情况，设定合理的时间表和截止日期，确保项目能够在可控的时间范围内完成。

优先级管理：确定项目任务的优先级和重要性，优先处理关键任务和高价值的工作，确保项目进展顺利。

资源分配和调配：合理分配和调配项目所需的人力、物力和财力资源，确保每个任务都有足够的资源支持，避免资源瓶颈和延误。

进度跟踪和监控：定期跟踪和监控项目的进度和执行情况，及时发现和解决问题，确保项目按计划进行。

风险管理：管理和应对项目可能面临的风险和挑战，制定相应的风险应对策略，减少对项目进度的影响。

沟通和协作： 加强团队内部和外部的沟通和协作，及时交流信息和共享进展，确保所有团队成员都明白自己的任务和时间表。

灵活应对变化： 随时准备应对项目中的变化和不确定因素，灵活调整项目计划和时间表，确保项目能够适应外部环境的变化。

持续优化和改进： 定期评估项目管理的效果和进展，总结经验教训，持续优化和改进项目管理的方法和流程。

通过以上方法的合理运用，可以有效管理大型项目的时间，确保项目按时完成，达成预期目标。

10.2 高级视觉效果

10.2.1 视觉特效与合成

视觉特效和合成是电影和视频制作中常用的技术，用于创造出各种虚拟的效果和场景。以下是视觉特效和合成的主要步骤和技巧。

特效策划和设计：在项目开始之前，制定详细的特效策划和设计方案，包括所需的特效效果、场景和角色设计等。

特效素材采集：收集和准备所需的特效素材，包括图像、视频、音频等，用于后续的合成和处理。

特效合成软件：使用专业的特效合成软件，例如 Adobe After Effects、Nuke 等，进行特效的合成和处理。

特效制作和调整：根据设计方案，制作和调整特效效果，包括图像处理、动画效果、特殊效果等，确保特效效果达到预期。

绿幕技术：使用绿幕技术将实拍素材与虚拟场景进行合成，通过后期处理技术实现虚拟背景的替换和合成。

粒子效果：制作和添加粒子效果，如烟雾、火焰、爆炸等，增强场景的真实感和动态效果。

动画制作：制作各种动画效果，包括角色动画、运动动画、物体动画等，使特效场景更加生动和具有表现力。

色彩校正和调整：对特效场景进行色彩校正和调整，确保与原始素材的一致性和统一性，提升视觉效果和质量。

渲染和输出：对特效场景进行最终的渲染和输出，生成最终的特效效果，准备发布和播放。

持续学习和改进：不断学习和掌握最新的特效技术和工具，持续改进和提升特效制作的水平和质量。

通过以上步骤和技巧的合理运用，可以创造出高质量的视觉特效和合成效果，提升影视作品的视觉冲击力和吸引力。

10.2.2 制作引人注目的视觉效果

制作引人注目的视觉效果需要一定的创意和技巧，以下是一些常用的方法和技巧。

动态镜头运用：使用动态的镜头运动和摄影技巧，如快速移动、旋转、缩放等，增加画面的动感和视觉冲击力。

特效和动画效果：添加各种特效和动画效果，如光影效果、粒子效果、运动模糊等，增强画面的艺术感和视觉效果。

色彩对比和调色：增加画面的色彩对比度和饱和度，调整色调和色彩分布，使画面更加鲜明和引人注目。

视觉焦点设置：设置画面的主视觉焦点，通过对焦和景深控制等技巧，突出主题或重点，吸引观众的注意力。

创意构图和布局：使用创意的构图和布局方式，如对称构图、逆向构图、立体构图等，营造独特的视觉效果和氛围。

视角和镜头选择：尝试不同的拍摄视角和镜头选择，如鸟瞰视角、特写镜头、鱼眼镜头等，创造出新颖和有趣的视觉效果。

运用剪辑和过渡：利用剪辑和过渡技巧，如快速剪辑、跳切剪辑、画面淡入淡出等，增加画面的节奏感和动态效果。

引人注目的主题和内容：选择引人注目的主题和内容，如视觉冲击力强的场景、独特的道具和服装等，吸引观众的眼球和注意力。

音效和配乐： 添加引人注目的音效和配乐，增强画面的氛围感和情感表达，提升观众的观影体验。

持续创新和尝试： 不断创新和尝试新的拍摄技巧和后期处理技术，保持创意的活力和多样性，创造出更具吸引力的视觉效果。

通过以上方法和技巧的合理运用，可以制作出引人注目的视觉效果，吸引观众的眼球和注意力，提升影片的品质和观赏性。

实例：运用关键帧渐变颜色

渐变效果的实现在于开头到结尾两个关键帧，这段滤镜在此时间内强度从 100% 变为 0，颜色逐渐变化。接下来讲解具体操作步骤。

打开剪映，导入视频素材，在主工具栏找到"滤镜"并点击，在"风格化"滤镜中找到并选择"柠檬青"滤镜，将其强度值调整为 100。如图 10-2-2-1。

将进度条移至最左边，添加一个关键帧，此处关键帧记录了空谷滤镜强度为 0。手指左滑主视频时间线来到视频的结尾，点击工具栏中的滤镜，把"柠檬青"滤镜的强度为 100。如图 10-2-2-2，并点击确认。此外，还可以添加喜欢的音乐并导出。

图 10-2-2-1

图 10-2-2-2

案例：对视频声音做处理

打开剪映，导入素材。点击素材，点击工具栏"人声分离"，如图 10-2-2-3。进入人声分离功能区，会看到"无""仅保留人声""仅保留背景声"，如图 10-2-2-4。

点击工具栏"音频分离"，可以将视频素材的音频分离为单独轨道（隐藏、删除，调整音频的速度等）。点击工具栏"音频"。如图 10-2-2-5、图 10-2-2-6。可以点击工具栏"音乐"，如图 10-2-2-7。"音效"，如图 10-2-2-8。来对视频的音频进行添加，编辑等操作。

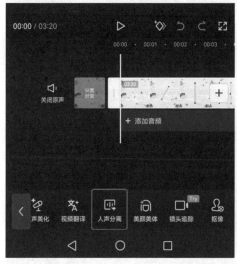

图 10-2-2-3   图 10-2-2-4

图 10-2-2-5

图 10-2-2-6

图 10-2-2-7

图 10-2-2-8

第十一章 未来剪映趋势

11.1 技术与工具创新

剪映是一款流行的视频编辑应用，它为用户提供了简单易用的视频剪辑工具。未来可能的工具创新可能包括以下几个方面。

AI作图：用户可以在剪映应用内直接进行AI作图，剪映通过智能化的图像处理和生成技术，轻松创作出具有专业水平的图片或设计元素，为视频编辑提供更多的素材选择。操作非常简单，根据中文提示词就可以生成高清图片。

操作步骤：打开剪映，找到AI作图，输入相应的提示词，点击立即生成，就可以生成一组4幅图片。

AI商品图：我们拍摄了产品之后，可以通过AI商品图，将产品置于不同的环境当中，提升产品的表现力。

操作步骤：打开剪映，找到AI商品图，选择一张照片，去除商品背景图片，选择AI背景预设。

营销成片：剪映重磅上线了一个实用的功能，只要我们上传视频素材，就可以根据爆款脚本的思维，一键生成5条高质量的爆款带货视频。解决了我们不会写文案，不会剪辑视频，不懂编辑，没有灵感的困扰。

操作步骤：打开剪映，找到营销成片，添加图片/视频素材，输入产品名称，添加产品卖点，点击生成视频，就可以生成 5 组高质量营销视频。

AI 特效：应用内提供了多种 AI 特效功能，如自动添加转场效果、调整视频速度、修复抖动等，这些特效可以增强视频的观赏性和趣味性。操作也非常简单易用。选择一张照片，并且输入想创作的画面风格，AI 可以帮你一键生成风格化效果。

操作步骤：打开剪映，找到 AI 特效，选择一张照片，输入描述词，生成图片后可保存导出。

数字人：不方便露脸，可以让数字人帮忙打工。利用克隆好的声音，播报一些新闻、说明、课件等一类的视频，在这里既可以选择数字人，也可以选择音质，功能非常强大。

操作步骤：打开剪映，点击"开始创作"上传一些视频或图片素材。点击下方的"文本"，选择"新增文本"输入想要的文字。输入好文字之后点击"文字"，在下方找到"数字人"进行点击。这里提供了多个数字人形象，可以根据自己的需要进行选择。

这些创新可能会使剪映在未来成为更加强大和多功能的视频编辑工具，为用户提供更优质的编辑体验和更丰富的创作工具。

11.2 影片行业的发展

11.2.1 影片市场趋势

影片市场的趋势在不断变化，以下是一些常见的趋势。

流媒体平台的崛起：随着 Netflix、Amazon Prime Video、Disney+ 等流媒体平台的兴起，越来越多的观众选择在家中观看影片，而不是去电影院。这对传统电影院和发行商产生了一定的挑战，同时也推动了制作内容更多样化和创新化的趋势。

内容多样性：观众对于多样化的内容越来越感兴趣，这导致了更多类型的影片被制作和发行。除了传统的好莱坞大片外，独立电影、纪录片、外语片等类型也越来越受欢迎。

数字化技术的应用：数字技术的进步改变了影片的制作、分发和观看方式。从特效制作到营销推广，数字技术的应用使得影片制作更加高效和具有创造力。

全球市场的扩展：随着互联网的普及和全球化的加剧，影片市场也变得越来越国际化。制片公司和发行商开始将目光投向全球市场，制作和推广适合不同文化和语言背景的影片。

多平台发行：影片不再局限于传统的院线发行，而是可以在多个平台上发行，包括流媒体平台、有线电视、DVD、蓝光等。这使得影片的观众群更加广泛，也给制片方带来了更多的收入来源。

IP 化和系列化：越来越多的影片基于已有的 IP（知识产权）进行制作，例如改编自小说、漫画、电子游戏等。同时，系列化的影片也越来越受欢迎，因为它们能够吸引观众长期关注并建立忠实的粉丝群体。

11.2.2 行业变革与机遇

关于影片行业变革与机遇的另一个方面：

互动影片和虚拟现实（VR）的发展： 随着技术的进步，互动影片和虚拟现实影片正成为影片行业的新趋势。互动影片允许观众在观看的同时参与其中，决定故事的发展方向，从而增强了观影体验的互动性和个性化。而虚拟现实影片则可以让观众身临其境地沉浸在影片情节中，感受到更加身临其境的体验。这些新形式的影片不仅吸引了新的观众群体，也为制片人提供了探索新领域和创新的机会。

区块链技术在影片产业的应用： 区块链技术的出现为影片产业带来了新的机遇，特别是在版权保护、内容分发和票务管理等方面。通过区块链技术，可以实现影片版权的透明化和可追溯性，从而更好地保护制片方和创作者的权益。同时，区块链还可以为观众提供安全、便捷的购票和观影体验，同时提高票务管理的效率和透明度。

影片与品牌合作的增加： 越来越多的品牌意识到影片作为传播和营销的有效渠道，开始与影片制作方合作，进行品牌植入和赞助。这不仅为制片方提供了额外的资金支持，也为品牌提供了更广泛的曝光度和市场影响力。通过影片与品牌的合作，可以为观众提供更加丰富和多样化的影片内容，同时创造更多商业机会。

环境可持续性和社会责任： 随着环境可持续性和社会责任意识的提高，越来越多的制片人开始关注影片制作过程中的环境影响和社会责任。通过采用环保材料、节能减排等措施，制片人可以降低影片制作对环境的负面影响，同时倡导社会责任理念，为社会和环境做出积极的贡献。

第十二章 总结与进一步学习

12.1 本书回顾

12.1.1 重要概念总结

媒体：媒体即视频素材，可以是用户自行拍摄的视频，也可以是从本地文件或素材库中导入的其他渠道的视频。用户可以通过点击导入按钮将视频添加至项目中。

音频：音频包括音乐和声音，可分为音乐素材、音效素材、音频提取、抖音收藏和链接下载。用户可在音乐素材搜索框中输入想要搜索的歌曲或音乐，选择后点击加号即可添加。同时，用户也可以从本地添加音乐。音频提取功能可从其他视频中提取声音，包括抖音收藏的音乐或其他网站的链接。

文本：文本功能包括新建文本、花字、文字模板、智能字幕、识别歌词和本地字幕。用户可以在视频中添加文案，并调节文字大小、颜色、字体、位置和动画等属性。智能字幕功能能够自动识别视频中的声音并添加字幕。此外，还可识别视频中的歌词，并添加对应的字幕。

贴纸：贴纸功能包含各种贴纸元素，如小星星、小太阳、666、求关注等，可使作品更加美观与独特。

特效：特效包括镜头模糊、镜头变焦、左右摇晃、抖动等多种效果，添加后可使作品呈现不同的视觉感受。

转场：转场功能可在两段视频之间添加转场效果，使画面转换更加流畅自然。

滤镜：滤镜常用于调整视频的风格和色彩，包括清晰、净白、净透等效果，使视频呈现不同的视觉效果。

调节：调节功能可对视频的亮度、对比度、饱和度等参数进行单独调整，使视频效果更加理想。

模板：模板功能允许用户使用他人制作的模板，只需更换图片或视频即可，部分模板可能需要付费使用。

12.1.2 读者的反馈与贡献

剪映软件离不开用户的意见和反馈。

用户如何提意见和反馈问题呢？

第一步：打开剪映软件。

图 12-1-2-1

第二步：点击设置，进入设置列表，点击意见反馈。

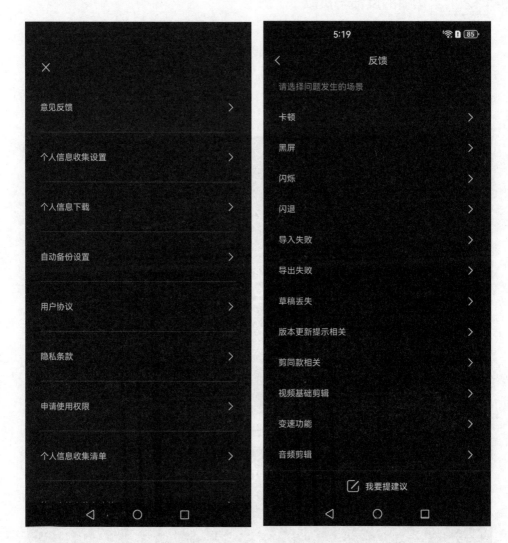

图 12-1-2-2   图 12-1-2-3

12.2 深入学习资源

可以点击剪映中剪同款来学习不同模版的视频如何处理，找到自己的
创意点。

图 12-2-1-1

图 12-2-1-2

图 12-2-1-3

图 12-2-1-4

12.3 实例解析

12.3.1 实例：新手可学的万能调色

万能调色参数适合新手对视频进行调色，可应用多种场景。

打开剪映，导入素材视频，点击视频中的素材。

向左滑动下方的工具栏，找到"调节"并点击。

点击"亮度"，将数值调整为 –2；将"对比度"数值调整为 10；将"饱和度"数值调整为 25；"色温"数值调整为 –10。

点击右下角的"√"，完成调色，调整后的效果如图 12-3-1-1 所示。

图 12-3-1-1

万能调色参数： 亮度 -2(画面过亮时使用)，亮度 2(画面过暗时使用)，对比度 10，饱和度 30，色温 -20，可根据实际画面情况，调整数值。

风景视频： 对比度 18，饱和度 20，色温 -10，然后添加滤镜 "绿岩"，数值调整到 50。

阴雨天气： 亮度 6，对比度 16，饱和度 16，色温 -10，色调 12，最后添加滤镜 "质感暗调"，数值调整到 50。

城市夜景： 对比度 20，饱和度 16，色温 -18，然后添加滤镜 "青橙"，数值调整到 50。

傍晚夕阳： 亮度 10，对比度 -18，饱和度 20，色温 12，色调 8，滤镜选择 "清晰"，调整数值到 80。

夜晚黑金色调： 滤镜 "黑金" 数值调整到 70，对比度 -5，饱和度 -10，色温 -15，色调 15。

森系冷色调： 对比度 25，饱和度 -15，色温 -15，色调 20。

美食用暖色调： 对比度 15，饱和度 30，光感 10，色调 30，色温 25。

12.3.2 实例：剪映智能配音

可以通过 "文本朗读" 功能实现。

打开剪映，导入视频，选择工具栏中的 "文本—新建文本"，我们可以输入长段文字，或者一个句子，一段话。

选中文本内容，在工具栏中选择 "文本—文本朗读" 功能。选择喜欢的音色，点击右下角的 "√"，智能配音就自动生成了。如图 12-3-2-1。

如果想要生动的效果，要做到两点：第一，文本内容要完整，不要戛然而止。

第二，添加正确的标点符号，以便文本朗读时停顿恰当、表意清晰。

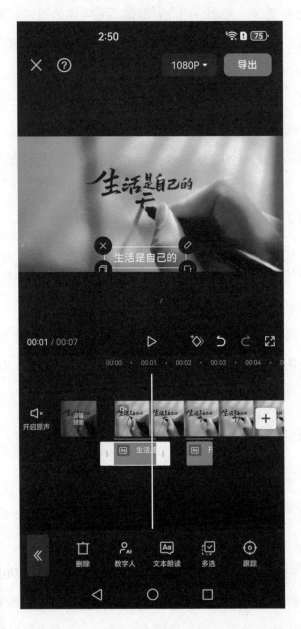

图 12-3-2-1

12.3.3 实例：音频曲线变速

　　搞笑视频中，人物说话时语速的快慢会产生喜剧效果。剪辑视频时会用到"曲线变速"，操作如下。打开剪映，导入视频素材，关闭原声。点击"音频—音乐"、添加自己喜欢的音频。点击素材，点击工具栏中"变速—曲线变速—自定"。如图 12-3-3-1。

　　找到音频需要变速的圆点，将其下拉或者上移，也可以添加删除圆点，来实现对素材变速的位置，点击播放，可预览变速效果。如图 12-3-3-2。

图 12-3-3-1　　　　　　　　　　图 12-3-3-2